# 陆源输入变化对长江口渔业资源影响研究

线薇微　著

海洋出版社

2018 年·北京

**图书在版编目（CIP）数据**

陆源输入变化对长江口渔业资源影响研究/线薇微著 . —北京：海洋出版社，
2017. 12

ISBN 978-7-5210-0019-1

Ⅰ.①陆… Ⅱ.①线… Ⅲ.①长江口–海域–淡水–影响–水产资源–研究
Ⅳ.①S937. 3

中国版本图书馆 CIP 数据核字（2017）第 331393 号

责任编辑：杨传霞 林峰竹
责任印制：赵麟苏

**海洋出版社** **出版发行**

http://www.oceanpress.com.cn
北京市海淀区大慧寺路 8 号 邮编：100081
北京朝阳印刷厂有限责任公司印刷 新华书店总经销
2018 年 12 月第 1 版 2018 年 12 月第 1 次印刷
开本：787mm×1092mm 1/16 印张：10. 75
字数：239 千字 定价：58. 00 元
发行部：62132549 邮购部：68038093 总编室：62114335
海洋版图书印、装错误可随时退换

# 前　言

　　长江口地处我国东南沿海，太平洋西岸。长江口是中国最大的河口，自古以来便是城市密布、人才荟萃、商旅繁荣之地。改革开放以后特别是上海浦东开发开放以来，长江三角洲地区形成了以上海为龙头的城市群，汇集了先进制造业和现代服务业等优势产业，发展成为我国综合实力最强的区域，在流域乃至全国经济社会发展中具有重要的战略地位和显著的带动作用。

　　长江口水域是海洋生态系统研究热点区域。长江口及其邻近海域，内接长江，外连东海，既位于暖温性的黄海生态系统与暖水性的东海生态系统的交接处，又处于有大量的淡水和陆源物质注入的河口区，环境因子复杂多变，生态系统结构脆弱且敏感。经过长期历史的演变和发展，长江口形成了一个功能独特的生态系统。长江口生态系统的复杂性和生物的多样性，注定了长江口水域在海洋生态系统研究中的重要地位。

　　长江流域的巨量来沙，除少部分由北港输出的泥沙进入北支外，随落潮流输出口外的泥沙由于台湾暖流的阻挡，大量沉积在河口区内；少数摆脱河口束缚的悬浮泥沙，在浙闽沿岸流的作用下继续向南输运，形成闽浙沿岸以细颗粒物质为主的泥质带。沉积在河口泥质区内的泥沙做短暂的停留以后，一部分随涨潮流重新进入长江口门区域，维持河口区域的高含沙量，一部分进入杭州湾内，剩余的部分在泥质区沉积并参与造床，形成一个河口的泥沙环流过程。长江口就是在这种泥沙环流作用下不断向陆架扩展和延伸，塑造了广阔的水下三角洲。

　　长江是世界第三大河，大量营养物质输入河口，使长江口成为黄东海最重要的陆源营养物质的汇与源。流域源源不断输送的大量营养物质，使长江口及其邻近海域成为我国渔业生产力最高的水域。长江口区是我国最大的河口渔场，开发历史悠久，生物资源丰富。长江口渔场包括长江下游上海江段至佘山以东的广大水域，其水域环境特点是处于沿岸水和长江冲淡水为主的低盐水系和外海高盐水系的混合区。由于水浅，地形复杂，造成潮流湍急，该水域成为大黄鱼、小黄鱼、带鱼和银鲳等经济种类的重要产卵场和育幼场；长江口区也是银鲳、刀鲚、凤鲚、带鱼、石首鱼类以及鲐、鲹等中上层鱼类的重要索饵场，又是名贵鱼类鲥、松江鲈、中华鲟溯河或降海洄游的必经水道。长江口渔场北接吕泗渔场，南临著名的舟山渔场，其生物生产对我国近海渔业资源发展具有举足轻重的影响。

长江口水域在国民经济发展、近海生物资源生产和海洋生态科学研究中均占据重要战略地位。二十年来，在国务院三峡工程建设委员会支持下，完成了长江口及其邻近海域监测工作，获得了长江口生态和环境综合调查数据；在国家基金委面上基金项目"陆源输入对长江口近海渔业资源影响机制研究"资助下，研究团队开展了长江口生态系统长期变化和陆源输入关系研究。为进一步系统总结自20世纪80年代以来长江口生态环境演变特征，特撰写本书以飨读者。由于时间和能力有限，多有不妥之处，敬请批评指正。

线薇微

2017 年春 于中国科学院海洋研究所汇泉湾畔

# 目 录

1 长江口水域生态环境特征 ·············································· (1)

1.1 流域概况 ······································································ (1)

1.2 长江河口环境现状 ······················································ (2)

1.3 三峡水利枢纽工程建设 ················································ (5)

1.4 三峡工程建设对河口影响预测 ······································ (9)

2 研究对象与方法 ···························································· (11)

2.1 调查区域与调查方法 ··················································· (11)

2.2 数据分析方法 ···························································· (12)

3 长江入海径流 ······························································· (14)

3.1 长江入海径流年际变化 ··············································· (14)

3.2 三峡工程蓄水前后长江入海径流年内分配变化特征 ········· (15)

3.3 影响因素 ································································· (20)

3.4 与原预测的对比 ························································ (21)

3.5 小结 ······································································· (23)

4 长江入海泥沙的影响调查 ··············································· (24)

4.1 长江入海泥沙长期变化 ··············································· (24)

4.2 三峡工程蓄水前后长江入海泥沙年内分配变化特征 ········· (25)

4.3 影响因素 ································································· (25)

4.4 与原预测的对比 ························································ (27)

4.5 小结 ······································································· (28)

5 长江口物理环境 ···························································· (30)

5.1 长期变化特征 ···························································· (30)

5.2 三峡工程蓄水前后变化特征 ·········································· (36)

5.3 影响因素 ································································· (36)

5.4 与原预测的对比 ························································ (37)

5.5 小结 ······································································· (38)

6 长江口水化学环境 ························································· (40)

6.1 长期变化特征 ···························································· (40)

6.2 三峡工程蓄水前后变化特征 ·········································· (41)

6.3 影响因素 ································································· (41)

6.4 与原预测的对比 ························································ (45)

6.5 小结 ······································································· (46)

**7　长江口沉积环境** ……………………………………………… (47)
　7.1　长期变化特征 ………………………………………………… (47)
　7.2　三峡工程蓄水前后变化特征 ………………………………… (48)
　7.3　影响因素 ……………………………………………………… (48)
　7.4　与原预测的对比 ……………………………………………… (51)
　7.5　小结 …………………………………………………………… (54)

**8　初级生产** …………………………………………………………… (55)
　8.1　长期变化特征 ………………………………………………… (55)
　8.2　三峡工程蓄水前后变化特征 ………………………………… (57)
　8.3　影响因素 ……………………………………………………… (58)
　8.4　与原预测的对比 ……………………………………………… (59)
　8.5　小结 …………………………………………………………… (59)

**9　鱼类浮游生物** …………………………………………………… (60)
　9.1　春季长江口鱼类浮游生物群落特征 ………………………… (60)
　9.2　秋季长江口鱼类浮游生物群落特征 ………………………… (65)
　9.3　三峡水库蓄水前后春季群落结构变化 ……………………… (72)
　9.4　三峡水库蓄水前后秋季群落结构变化 ……………………… (75)
　9.5　影响因素 ……………………………………………………… (78)
　9.6　与原预测的对比 ……………………………………………… (85)
　9.7　小结 …………………………………………………………… (85)

**10　无脊椎动物资源** ………………………………………………… (88)
　10.1　春季无脊椎动物群落特征 …………………………………… (88)
　10.2　秋季无脊椎动物群落特征 …………………………………… (98)
　10.3　三峡水库蓄水前后春季群落结构变化 …………………… (107)
　10.4　三峡水库蓄水前后秋季群落结构变化 …………………… (110)
　10.5　春季环境影响因素 ………………………………………… (114)
　10.6　秋季环境影响因素 ………………………………………… (122)
　10.7　与原预测的对比 …………………………………………… (127)
　10.8　小结 ………………………………………………………… (129)

**11　鱼类资源** ……………………………………………………… (131)
　11.1　春季长江口鱼类生物群落特征 …………………………… (131)
　11.2　秋季长江口鱼类群落特征 ………………………………… (138)
　11.3　三峡水库蓄水前后长江口鱼类群落结构变化 …………… (146)
　11.4　环境变化对长江口鱼类生物群落结构的影响 …………… (150)
　11.5　与原预测的对比 …………………………………………… (153)
　11.6　小结 ………………………………………………………… (157)

**12　结论** …………………………………………………………… (160)

**参考文献** …………………………………………………………… (162)

# 1　长江口水域生态环境特征

河口位于河流和海洋的交汇处，河口生态系统受岩石圈、水圈、生物圈和大气圈的共同作用，物理、化学、生物和地质各种过程耦合多变，演变机制复杂。河口是高度动态的，其物理和化学特征在数小时至数年的时间尺度上都会发生变化。一直以来，河口以其复杂性、多变性及重要性吸引了众多海洋研究者的目光，他们从生态系统不同层面探讨了其时空演变机制。

## 1.1　流域概况

长江发源于青藏高原唐古拉山北麓，各拉丹东雪山群的西南侧。流域位置约为 $24°27'$—$35°54'$N，$90°33'$—$122°19'$E，流域形状呈东西长、南北短的狭长形。流域北以秦岭山脉，东北以伏牛山、桐柏山、大别山与黄河流域及淮河流域为界，南以南岭山脉、黔中高原、大庾岭、武夷山、天目山等与珠江流域及闽浙水系流域为界。江源为沱沱河，干流流经青海、西藏、云南、四川、重庆、湖北、湖南、江西、安徽、江苏、上海等 11 省、市、区，在上海汇入东海。

长江是世界第三大河，干流全长约 6 300 km，流域面积约为 $180×10^4$ km²。江源以下，先与发源于唐古拉山东段、霞舍日阿巴山东麓的南支当曲汇合后为木鲁乌苏河，再与发源于可可西里山、黑积山南麓的北支楚玛尔河相汇后称通天河。进入青海省玉树直门达后称金沙江，流经川、藏、滇边境，全长 2 308 km。进入四川宜宾与岷江汇合后始称长江。

长江在四川盆地向东流，顺次接纳北岸的沱江、嘉陵江和南岸的乌江等，自奉节白帝城至南津关约 200 km 河段，为著名的长江三峡，两岸峰峦叠嶂，峡谷深邃，水流湍急。自宜宾至宜昌干流又名川江，长 1 045 km。三峡工程坝址宜昌以上为长江上游，河道全长 4 500 km，控制流域面积约 $100×10^4$ km²，约占全流域面积的 55% 以上。

近年来，长江流域的人类活动带来河口陆源输入变化。流域用水量不断增加和流域实施的各种引水工程以及跨流域调水工程，对长江口入海径流量皆有显著影响。据统计，2006 年长江流域水库数目约 4.6 万座，总库容量达 $2 307×10^8$ m³，这些水库中最大的当属三峡工程。2009 年三峡工程竣工，最高水位库容为 $393×10^8$ m³，上游大量泥沙滞留在水库中，造成下泄泥沙含量的减少。同时，长江上游水利水电工程建设、上游水土保持和河道采沙造成长江入海泥沙的进一步下降。

## 1.2 长江河口环境现状

### 1.2.1 长江入海径流和泥沙

长江水量丰沛，入海径流具有明显的季节性变化。5—10 月为丰水期，其中 7 月最盛。此时径流在河口海区形成大范围的长江冲淡水，有的年份甚至可以到达济州岛；枯水期为 1—4 月，以 1 月流量最小，冲淡水退缩到近岸很窄的狭带内。根据 1953—2002 年大通水文站资料统计，长江年径流总量为 9 240×10$^8$ m$^3$/a，多年平均流量为 29 300 m$^3$/s，最大洪峰流量为 92 600 m$^3$/s（1954 年 8 月），最小枯水流量为 4 620 m$^3$/s（1979 年 1 月），两者之比约为 20∶1，最大年平均流量为 43 100 m$^3$/s，最小年平均流量为 21 400 m$^3$/s。

长江河口的泥沙主要来自上游，据大通站 1953—2005 年实测资料统计，多年平均含沙量 0.48 kg/m$^3$，多年平均输沙量 4.14×10$^8$ t。历年最大年平均含沙量为 0.70 kg/m$^3$（1963 年），最小年平均含沙量 0.28 kg/m$^3$（1994 年）。年最大输沙量 6.78×10$^8$ t（1964 年），年最小输沙量 2.39×10$^8$ t（1994 年）。由于长江的输沙量与降水和径流有直接关系，输沙量年内分配不均，输沙量的年际年内变化特性与径流量的变化特性是相应的。7—9 月输沙量占全年的 58%，12 月至翌年 3 月仅占 4.2%；7 月平均输沙率达 39.6 t/s，1 月仅 1.14 t/s。

长江每年向东海输入 4.14×10$^8$ t（1952—2005 年）的泥沙，除少部分由北港输出的泥沙进入北支外，随落潮流输出口外的泥沙由于台湾暖流的阻挡，无法进一步向东扩散进入陆架区，在科氏力的作用下向东南方向输运，局地沉寂的泥沙量很少；同时在落潮过程中受杭州湾强劲的落潮流影响，阻碍泥沙继续向南输运，因而悬浮泥沙在南槽口外泥质区发生滞留，大量沉积在泥质区内，泥质区实际为长江河口泥沙向外输运的"中转站"；少数摆脱河口束缚的悬浮泥沙，在浙闽沿岸流的作用下继续向南输运，形成闽浙沿岸以细颗粒物质为主的泥质带。沉积在泥质区内的泥沙作短暂的停留以后，一部分随涨潮流重新进入长江河口拦门沙区域，维持河口拦门沙区域的高含沙量，一部分进入杭州湾内，剩余的部分在泥质区沉积并参与造床，形成一个河口的泥沙环流过程。长江河口就是在这种泥沙环流作用下不断向陆架扩展和延伸，塑造了广阔的水下三角洲。

长江入海泥沙向南输运具有明显的季节性，一般来说，枯季向南输运的量较多，洪季输运的量较少，而且拦门沙及水下三角洲区域存在"洪淤枯冲"的特性。在洪季，苏北沿岸流减弱，台湾暖流的势力较强，苏北沿岸流与台湾暖流在苏北启东嘴外汇合向东北扩散，最远可到韩国济州岛附近海域，苏北沿岸流对长江河口附近海域的影响有限。因此，长江入海悬浮泥沙洪季主要沉积在拦门沙海域及其水下三角洲前缘，参与造床，在地貌上表现为"洪季淤积"的特征。

### 1.2.2 长江口环境

河口区的许多最重要的理化特征和生物特征并不是过渡性的，而是具有其独特性。

分布在近海的不同水团的消长和相互作用，是影响和制约种群行动的重要环境因素。影响长江河口附近海域的水团主要有沿岸低盐水团和台湾暖流水团。沿岸低盐水团以长江冲淡水为主，具低盐特征，盐度等值线终年在30以下，它的消长受长江径流的大小所制约。长江水量丰沛，入海径流具有明显的季节性变化。5—10月为丰水期，其中7月最盛。此时径流在河口海区形成大范围的长江冲淡水，有的年份甚至可以到达济州岛；枯水期为1—4月，以1月流量最小，冲淡水退缩到近岸很窄的狭带内。台湾暖流水具有高盐、高温特征，夏半年盛行南风，暖流水向北靠岸扩展，冬半年北风较强，暖流水衰退。高盐的台湾暖流水与低盐的长江冲淡水在河口附近海域相遇、混合，表、底层水的盐度值具有相当大的差异，形成一个高梯度的混合区。

由于长江河口大陆架宽，浅水区范围大，强大的潮汐流与长江冲淡水及各种外来流系混合，使得悬浮物质在河口不能立即沉积，大量泥沙使近河口处透明度降低，限制浮游生物生长繁殖，高生物量和高初级生产力主要分布在远离河口的冲淡水和外海海流交汇的水域，营养盐也主要在那里被浮游植物利用。底质以黏土质软泥、细砂粉为主，水深一般在60 m以内，温度、盐度变化大。长江河口及邻近海域水质肥沃，营养盐类和饵料生物基础丰富，是初级生产力较高的水域。

## 1.2.3　长江口渔业资源

长江河口冲淡水和邻近海域各海水系混合，此处饵料丰富，为多种鱼类和无脊椎动物提供了适宜生境。许多鱼类和经济无脊椎动物在该水域范围内生殖、育肥、索饵，形成春、夏、秋渔汛，如带鱼、大黄鱼、小黄鱼、银鲳、鲐、鲹类和三疣梭子蟹、曼氏无针乌贼等经济种类，孕育了舟山渔场、嵊泗渔场和吕泗渔场，成为高多样性的群落交错区和高生产力的生态系统。该水域是某些洄游性鱼类的必经之路，如降海性鱼类鳗鲡、松江鲈、甲壳类的中华绒螯蟹，溯河性鱼类刀鲚、鲥鱼和中华鲟等。这些鱼类在它们不同的生命时期要经历两种完全不同的生态环境。长江河口及其近海以其特有的环境条件孕育的渔业资源生物群落，在生态系统服务方面，维持着当地的渔业经济；在保护生态学方面，提供了高异质性的河口-近海生境，支撑了较高的生物多样性。

带鱼（*Trichiurus japonicus*）属鲈形目（Perciformes）带鱼科（Trichiuridae），杂食性，为中上层暖水海洋性鱼类。带鱼是长江口鱼类中研究得最充分的种类之一。相关研究主要着眼于其生物学、生态学和资源状况。在生物学方面，韦晟（1980）研究了黄海带鱼的食性，分析其食物结构，发现其主食鱼类，其次捕食甲壳类；食物组成随海区而变化，季节变化不明显；摄食行为强度随其垂直移动表现出昼夜节律。近年来学者对带鱼食物组成的研究结果与韦晟（1980）相似，但在其后的研究中发现东海带鱼的食物组成存在季节差异，且相对历史资料发生了较大变化，但捕食强度的季节差异则不明显。

七星底灯鱼（*Benthosema pterotum*）属灯笼鱼目（Myctophiformes）灯笼鱼科（Myctophidae），浮游生物食性，为中上层暖水海洋性鱼类。该鱼类在我国分布于南海和东海沿岸，为长江口海域常见种；渔获量相对不大，但属多种鱼类的饵料。

细条天竺鱼（*Apogonichthys lineatus*）属鲈形目（Perciformes）天竺鲷科（Apogonidae），底栖生物食性，为底层暖温广盐性鱼类。这种次要经济鱼类产量不大，但在长江口常见，是多种经济鱼类的摄食对象，构成食物链的重要环节。

鳀（*Engraulis japonicus*）与赤鼻棱鳀（*Thrissa kammalensis*）同属鲱形目（Clupeiformes）鳀科（Engraulidae），均为浮游生物食性，鳀为中上层暖温海洋性鱼类，赤鼻棱鳀为中上层暖水海洋性鱼类。鳀在我国辽宁至台湾海域均有分布，在长江口海域常见。赤鼻棱鳀在我国则主要产于南海和东海。

刀鲚（*Coilia ectenes*）与凤鲚（*Coilia mystus*）亦同属鲱形目（Clupeiformes）鳀科（Engraulidae）。刀鲚为浮游生物和游泳生物食性，凤鲚为浮游生物食性。刀鲚为中上层暖温溯河洄游鱼类，凤鲚为中上层暖温半咸水鱼类。刀鲚在我国主要见于黄渤海和东海，南海较少见。凤鲚主要分布于东海和南海。

黄鲫（*Setipinna taty*）属鲱形目（Clupeiformes）鳀科（Engraulidae），浮游生物食性，为中上层暖水广盐性鱼类。我国沿海均产，长江口邻近海域外海侧有分布，是东海区春冬季海洋渔业的主要兼捕对象。

龙头鱼（*Harpodon nehereus*）属灯笼鱼目（Myctophiformes）龙头鱼科（Harpodontidae），游泳生物食性，为中上层暖水广盐性鱼类。龙头鱼在我国分布于黄海南部、东海和南海河口海域，是长江口常见种类，近年来渔获量有所增加，在东海和南海渔业中占有一定地位，是东海、黄海冬季底层鱼类群落中重要常见种之一。

银鲳（*Pampus argenteus*）属鲈形目（Perciformes）鲳科（Stromateidae），浮游生物食性，为中上层暖温广盐性鱼类。该种为该种属长江口海域常见鱼类，自 20 世纪 80 年代以来在渔捞对象中的地位日趋上升。

小黄鱼（*Pseudosciaena polyactis*）属鲈形目（Perciformes）石首鱼科（Sciaenidae），杂食性，为底层暖温海洋性鱼类。在我国海域见于黄渤海和东海，在长江口海域常见。曾为四大海产经济鱼类之一，自 20 世纪 60 年代后产量逐渐下降，90 年代后虽有回升，但资源状况依然严峻。

皮氏叫姑鱼（*Johnius belengeri*）属鲈形目（Perciformes）石首鱼科（Sciaenidae），底栖生物食性，底层暖温广盐性鱼类。该种为小型食用鱼，在我国沿海均有分布，是长江口常见种类，定置网和拖网等作业兼捕对象。

三疣梭子蟹（*Portunus trituberculatus*）属十足目（Decapoda）梭子蟹科（Portunidae），是长江口乃至东海区最重要的一种经济蟹类，也是传统捕捞对象之一。三疣梭子蟹属于广温广盐性的种类，最适温度为 15.5~26℃，最适盐度为 20~35。常栖息于 10~50 m 的泥沙质海底，白天隐藏在海底，夜间觅食并有明显的趋光性，有昼夜垂直移动的习性。三疣梭子蟹以肉食性为主，摄食小型鱼类、蛇尾类以及小型虾蟹；其生长和繁殖时期随季节性温度的变化而有所改变，其摄食量有明显的季节变化。长江口及其邻近海域的三疣梭子蟹没有像黄渤海的梭子蟹那样存在明显越冬洄游的特点，基本上是长江口海域的常年定居种。

葛氏长臂虾（*Palaemon gravieri*）属十足目（Decapoda）长臂虾科（Palaemonidae），

是中国和朝鲜近海的特有种类，是长江口近海重要的捕捞对象之一，虽个体不大，却肉质坚实、味道鲜美，是人们喜食的品种。葛氏长臂虾属广温广盐性的种类，栖息于温度为 8~25℃、盐度为 25~34 的高低盐水交汇混合的水域和沿岸水域。在东海海域，主要分布水深为 30~60 m，春季在长江口近海水域密度较大；秋季、冬季向外海深水区索饵和越冬。

鹰爪虾（*Trachypenaeus curvirostris*）属十足目（Decapoda）对虾科（Penaeidae），是东海近海和北部海域的重要捕捞对象之一。鹰爪虾属广温广盐性的种类，但对盐度的适应范围相对较窄，主要分布在温度 10~25℃、盐度 33~34 的海域，在深度低于 30 m 的近岸海域因盐度较低未有分布。春季，鹰爪虾从外海越冬海域逐渐向近海聚集产卵，长江口近海数量相对较多；秋季，鹰爪虾在东海北部和东北部密集程度较高，长江口近海数量相对较少。

日本枪乌贼（*Loligo japonica*）属枪形目（Enoploteuthidae）枪乌贼科（Loliginidae），近 10 年来成为长江口海域的优势种。董正之在 20 世纪 70 年代提出日本枪乌贼在我国仅分布在黄海、渤海海区，严隽箕发现日本枪乌贼主要分布于黄海中北部，但是关于日本枪乌贼的渔获量和分布尚未见专门研究。关于长江口海域日本枪乌贼的渔获量、分布以及生物学特性等更是少见于报道。邱显寅研究黄海日本枪乌贼生物学特性时发现黄海的日本枪乌贼有洄游的特性，为黄海的地方种群，冬季在黄海中部深水海域越冬，春季在近岸 20 m 以浅的海域进行产卵、索饵，秋季在整个黄渤海海区都有分布。

剑尖枪乌贼（*Loligo edulis*）属枪形目（Enoploteuthidae）枪乌贼科（Loliginidae），其在东海海区种群数量较大，占有重要的地位。剑尖枪乌贼属广温广盐性的种类，最适温度为 12~17℃，最适盐度为 32~34.7。长江口海域的枪乌贼类在春季（5 月）出现频率较高，总捕获量也较高；群体结构简单，春季（4—5 月）主要为产卵繁殖的亲体，夏季、秋季（8—9 月）主要为当年新生的幼体。

## 1.3　三峡水利枢纽工程建设

1950 年，水利部长江水利委员会成立，开始对长江流域进行系统的规划工作。

1953 年，毛泽东主席再次提出了修建三峡水库的设想，随后写下了"高峡出平湖"的宏伟诗句。由于当时政治、经济水平以及建坝经验不足等多方原因，未开展深入研究。为建设三峡工程积累经验，1970 年国家领导人批示加快下游葛洲坝枢纽研究论证和建设，1980 年葛洲坝工程正式开工。

1954 年 12 月，中国政府聘请苏联专家协助进行长江流域综合利用规划和三峡工程设计。

1957 年，长江流域规划办公室完成了三峡工程不同正常蓄水位（235 m、210 m、200 m）和不同坝区（三斗坪、南津关）的枢纽布置的比较方案。

1978 年 4 月，全国科学大会将三峡工程作为重大技术问题，列入国家 1977 年至1985 年科技发展规划。

1984 年 2 月 17 日，国务院财经领导小组召开会议，会议同意三峡工程立即开始施工准备，争取 1986 年正式开工。

1984 年 4 月 5 日，国务院批准"长江三峡工程可行性研究报告"。

1984 年 4 月 24 日，国务院三峡工程筹备领导小组正式成立。

1986 年 6 月 19 日，原水利电力部成立了三峡工程论证领导小组。该组首次会议将论证工作分为 10 个专题，设立 14 个专家组。随后对工程技术可行性和经济合理性等有关重要课题，进行了长达 3 年的全面论证工作，提出了 14 个专题论证报告，并经论证领导小组审议通过；论证最终推荐"一级开发、一次建成、分期蓄水、连续移民"，水库正常蓄水位为 175 m 高程的开发方案。

1987 年 4 月，水利电力部三峡工程论证领导小组召开第四次扩大会议。通过讨论，同意坝顶高程 185 m、正常蓄水位 175 m、初期蓄水位 156 m 的"一级开发、一次建成、分期蓄水、连续移民"的方案，作为进一步深入论证的初选方案。

1989 年 2 月底至 3 月初，水利电力部三峡工程论证领导小组召开第十次扩大会议。会议审议并原则通过了根据论证报告重新编写的"长江三峡水利枢纽可行性研究报告"（审议稿）。

1991 年 12 月，中国科学院环境影响评价部和长江水资源保护科学研究所共同编制了"长江三峡水利枢纽环境影响报告书"。

1992 年 1 月 17 日，国务院第 95 次常务会议讨论国务院三峡工程审查委员会对"长江三峡工程可行性研究报告"的审查意见，原则上同意建设三峡工程。

1992 年 2 月 20 日至 21 日，中央政治局常务委员会第 169 次会议原则同意国务院对兴建三峡工程的意见，由全国人民代表大会审议。

1992 年 3 月 16 日，国务院向全国人大七届五次会议提交了《国务院关于提请审议兴建长江三峡工程的议案》。

1992 年 4 月 3 日，第七届全国人民代表大会第五次会议通过了《关于兴建长江三峡工程的决议》。

1992 年 12 月，长江水利委员会编制了"长江三峡水利枢纽初步设计报告（枢纽工程）"。

1993 年 1 月 3 日，国务院国发［1993］1 号文件决定成立国务院三峡工程建设委员会，同时决定成立中国长江三峡工程开发总公司［简称三峡集团公司（原三峡总公司）］。

1993 年 7 月 26 日，国务院在北京召开国务院三峡工程建设委员会第二次会议，审查批准了"长江三峡水利枢纽初步设计报告（枢纽工程）"，并以国务院三峡工程建设委员会文件国三峡委发办字［1993］1 号文下达审定枢纽工程概算按 1993 年 5 月末价格控制在 500.9 亿元以内。批准长江三峡工程建设将采用"明渠通航，三期导流"的施工方案。1994 年 11 月，国务院三峡工程建设委员会批准水库移民搬迁与安置的静态投资为 400 亿元。工程与移民两项投资合计，三峡工程静态总投资为 900.9 亿元（1993 年 5 月末价格）。

1994 年以后，又分别编制了坝、电站厂房、永久船闸、垂直升船机（土建部分）、机电（含首端换流站）、二期上游横向围堰、建筑物安全监测、变动回水区航道及港口整治等八项单项工程技术设计报告，以及相关的招标设计、施工详图设计等，对可行性研究阶段进行了进一步的优化、细化和补充。

1994 年 12 月 14 日，国务院总理、国务院三峡工程建设委员会主任李鹏宣布三峡工程开工。

1）枢纽工程特点

工程规模：一等工程。水库正常蓄水位 175 m，汛限水位 145 m，死水位 145 m。相应于正常蓄水位，水库全长 663 km，水面平均宽度 1.1 km，总面积 1 084 km$^2$，总库容 393×10$^8$ m$^3$，其中防洪库容 221.5×10$^8$ m$^3$，调节性能为季调节。

三峡水电站共安装 32 台 700 MW 水轮发电机组，其中左岸 14 台，右岸 12 台，地下 6 台，另外还有 2 台 50 MW 的电源机组，总装机容量 22 500 MW。

开发任务：防洪、发电、航运及水资源利用。

三峡工程采用分三期导流，枢纽建筑物分三阶段的施工方式。

第一阶段工程施工期 1993—1997 年。沿中堡岛左侧修建第一期土石围堰，左侧主河床过流和通航，在围堰保护下开挖明渠，修建混凝土纵向围堰和三期上游碾压混凝土围堰位于明渠断面以下的基础开挖及混凝土浇筑；同时在左岸修建临时船闸，并开始施工永久船闸及升机挡水部位的土建工程和右岸非溢流坝。

第二阶段工程施工期 1998—2003 年。进行主河床截流，长江水改道从明渠宣泄。修建上、下游横向土石围堰，与混凝土纵向围堰共形成二期基坑，在基坑内修建大坝泄洪坝段和左岸厂房坝段及电站厂房；继续施工升船机挡水部位（上闸首），并完建永久船闸。船舶从明渠和左岸临时船闸通行。2002 年 12 月明渠截流，2003 年汛前在导流明渠内建成三期碾压混凝土围堰，水库相应蓄水至 135 m 高程，左岸首批机组发电，永久船闸通航。

第三阶段工程施工期 2004—2009 年。封堵导流明渠，拆除二期上下游横向土石围堰（拆除高程上游为 62 m，下游为 50 m），长江水改由大坝泄洪坝段内的导流底孔和泄洪深孔宣泄。先施工三期上、下游土石围堰，在其保护下修建三期碾压混凝土围堰和三期下游土石围堰，与混凝土纵向围堰共同形成三期基坑，在基坑内修建右岸厂房坝段、电站厂房及非溢流坝等主体工程，2009 年工程全部完建。

三峡大坝坝顶高程 185 m，正常蓄水位 175 m，防洪限制水位 145 m，枯水季消落低水位 155 m。水库的调度原则是：水库运用要兼顾防洪、发电、航运和排沙的要求，协调好除害与兴利、兴利各部门之间的关系，以发挥工程最大综合效益；汛期以防洪、排沙为主。

每年的 5 月末至 6 月初，为腾出防洪库容，坝前水位降至汛期防洪限制水位145 m。汛期 6 月至 9 月，水库维持此低水位运行，水库下泄流量与天然情况相同。在遇大洪水时，根据下游防洪需要，水库拦洪蓄水，库水位抬高，洪峰过后，仍降至 145 m 运行。汛末 10 月，水库充水，下泄量有所减少，水位逐步升高至 175 m，只有在枯水年份，这一蓄水过程延续到 11 月。12 月至翌年 4 月，水电站按电网调峰要求运行，水库尽量维持在较高水位。1 月至 4 月，当入库流量低于电站保证出力对流量的要求时，动用调节库容，此时出库流量大于入库流量，库水位逐渐降低，但 4 月末以前水位最低高程不低于 155 m，以保证发电水头和上游航道必要的航深。每年 5 月开始进一步降低库水位。

按照上述运行方式，三峡水库汛末蓄水期间（10 月初），由于蓄水量较大（水位从 145 m 提升至 175 m），且汛后长江上游天然来水量有所下降，水库下泄流量一般比天然流量减少较多；但汛前预泄期（枯水季 5—6 月）下泄量比天然情况有所改善。三峡水库调度运行方式如图 1.1 所示。

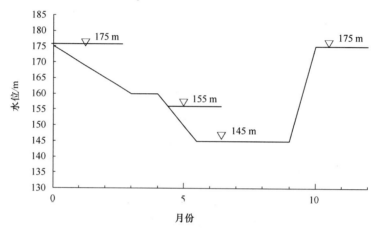

图 1.1　三峡水库调度运行方式

2）试运行水库运行方式

2003 年 6 月，三峡水库蓄水至 135 m，进入围堰发电期。同年 11 月，水库蓄水至 139 m。围堰发电期的运行水位为 135 m（汛限水位）至 139 m（围堰挡水期汛末蓄水位）。

2006 年 10 月，三峡水库蓄水至 156 m，较初步设计提前一年进入初期运行期。初期运行期运行水位为 144 m（汛限水位）至 156 m（初期蓄水位）。

2008 年汛后，三峡水库开始 175 m 试验性蓄水，进入 175 m 试验蓄水期。试验蓄水期运行水位为 145（汛限水位）至 175 m（正常蓄水位）。

2012 年，根据之前蓄水至 175 m 的经验，并结合上游向家坝等水库 10 月蓄水约 $35 \times 10^8$ m³ 的新情况，将 10 月蓄水任务合理调整一部分至 9 月完成。水库从 9 月 10 日开始蓄水，9 月上、中旬对两场洪水过程进行了拦蓄，9 月 10 日库水位为 158.92 m，9 月 30 日库水位达到 169.4 m，10 月 30 日第三次蓄水至 175 m。

除正常年份消落期向下游正常补水外，遇特枯年份，三峡水库还可以加大下泄流量，发挥抗旱功能。2011 年汛前，长江中下游部分地区遭遇了百年一遇的大面积干旱，三峡库水位在已经接近枯季消落水位 155 m 且入库流量持续偏小的情况下，以满足生态、航运、电网供电为目标，调整运行方式为应急抗旱调度方式。当年 5 月 7 日 10 时，三峡水库开始加大下泄流量，库水位从 155.35 m 下降至 6 月 10 日 24 时的 145.82 m，抗旱补水总量 54.7×10$^8$ m$^3$，日均向下游补水 1 500 m$^3$/s，有效改善了中下游生活、生产、生态用水和通航条件，为缓解特大旱情发挥了重要作用。

## 1.4 三峡工程建设对河口影响预测

陆源输入对于河口生物资源有着重要的生态学作用，三峡工程的建设对长江入海物质输送带来一定程度影响，从而影响河口生态和环境，20 世纪 80 年代，根据长江口及其邻近海域周年调查数据，针对三峡工程建设对河口生态环境可能带来的影响进行了预测。

### 1.4.1 对河口径流的影响

建库后根据水库正常蓄水位175 m 方案运行而言，全年入海总径流量不变，但年内分配有所变化：枯、平、丰水三种典型年与天然情况相比，大通站 10 月流量分别减少 32.4%（5 451 m$^3$/s）、20.3%（8 417 m$^3$/s）、16.9%（8 417 m$^3$/s）；1—3 月平均流量分别增加 17.8%（1 065 m$^3$/s）、15.7%（1 588 m$^3$/s）、10.6%（1 471 m$^3$/s）。

### 1.4.2 对河口泥沙和侵蚀堆积过程的影响

建库后前 50 年，大通站年平均悬沙输移量比建库前减少 23.4%，即 1.14×10$^8$ t。上游来沙量的减少以及水量年内分配的调整，会使河口和三角洲岸滩的侵蚀、堆积作用发生相应的变化。不利的是某些淤积岸段的淤涨速度将减缓，某些冲刷岸段的冲刷作用会加强，将减缓河口地区特别是上海市围海造地的速度；航道拦门沙的滩顶和内侧在 1—3 月有 9~19 cm 的淤积。有利的是对增加河口河槽的稳定性有利，航道拦门沙在 10 月和拦门沙外侧在 1—3 月将有 10 cm 左右的刷深。

### 1.4.3 对口外海滨及近海生态环境的影响

三峡工程建成后，改变河口的径流，将引起河口及近海生态环境的一系列变化。10 月流量减少，将使本水域的水温、盐度略有升高，其中引水船处月平均盐度升高 2.36%，冲淡水面积缩小 2 900 km$^2$，枯水年缩小面积更大，而营养盐类略有减少，海水的自净能力有所降低，海水中重金属浓度将有所增加，颗粒态重金属比例减少，但不会超标，分布格局基本不变；1—3 月和 5 月由于流量增加，其结果将相反，水温、盐度略有降低，冲淡水面积将扩大，但变化幅度比 10 月小。10 月蓄水，适宜于浮游生物繁殖生长的水域面积将减少，初级生产力降低，在一定程度上限制了饵料生物数量的发展；5 月径流下泄量增加，正值水温升高，对提高初级生产力和浮游生物的繁殖增长有利，从全年看，浮游生物总量比建库前将略有减少，但影响不大。上游来沙大量减少后，口外主要沉积区的范围将缩小，而一些不能适应原来高沉积速率环境的底栖生物将进入该水域定居，原高速沉积区底栖生物的群落多样性将提高，这有利于底栖生物数量的发展。

### 1.4.4　对河口及近海渔业资源的影响

长江河口及近海由于自然条件优越，饵料基础雄厚，物种多样，水产资源丰富，是我国重要的渔场。三峡枢纽工程的修建，将改变河口径流在年内的分配。这一环境条件的变化，将会引起河口生态系统结构与功能某种程度的变化，也会影响到该水域的渔业资源。径流的改变对河口及近海渔业资源的影响不尽相同。盐度变化，将使得中华绒螯蟹产卵场（渔场）有所移动，可能导致蟹苗减产，同时对刀鲚和梅童鱼产生不利的影响，但对凤鲚、银鱼和鲻鱼等资源可能有利。流量的改变使河口及近海的温度、盐度和饵料生物分布发生一些变化，也会导致近海鱼类资源渔场位置改变；冬季流量增大，将使带鱼渔场偏外；10月蓄水使渔场内移，对群众渔业捕捞有利，可增产，但对该资源的补充和保护不利。建坝后将可能使近海虾、蟹增产，对提高东海带鱼资源指数和总资源指数也将有利。河口生态系统是一个复杂多变的系统，影响渔业资源的因子很多，由于建坝后流量变化不大，因此预计三峡工程对河口及近海渔业资源不会带来严重影响。

### 1.4.5　总体结论

三峡建坝后对河口的生态与环境将带来一定程度的影响，而这些影响有的是有利的，有的是不利的，有些是可逆的，也有的是不可逆的，对这个复杂而又敏感的水域，这种变化将是长期的、缓慢的，可能是潜在和累积的。由于目前资料的积累有限，难以明了该水域生物生产过程的内在规律及其与环境因子互相作用的机制。因此，需要对长江河口生态系统的结构与功能进行长期监测和更深入的研究。

# 2 研究对象与方法

## 2.1 调查区域与调查方法

中国科学院海洋研究所自 1998 年开始承担长江口生态环境调查，于 1998—2012 年期间完成了 20 个综合监测任务。调查水域位于长江口及其邻近海域 30°45′—32°N，123°20′E 以西，设置 40 个调查站位（图 2.1），在 122°20′E 以东水域选取 15 个站位进行渔业生物资源拖网调查。

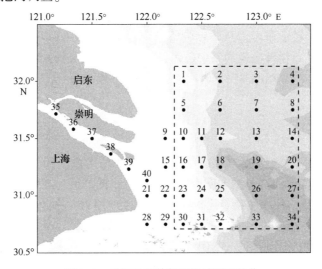

图 2.1　长江口及其邻近海域调查站位
虚线内为游泳生物拖网区域

调查船为 147 吨位的底层双拖网渔船，调查的网具为 150.5 m × 96.5 m 的轻拖网，网口周长为 150.5 m，上纲长为 66 m，下纲长为 73 m，网衣最大网目为 200 mm，网目大小从网身向后沿着轴线向囊网递减，囊网部为 30 mm。经过海上实际测量，拖网时网口张开的高度为 9~11 m，平均网袖间距为 18 m，拖网速度为 2~3 kn。每站拖网时间为 0.5~1 h。对捕获物进行分类和鉴定，并且分种计数和称重。

各个调查站位同步调查其水深（Depth）、温度（T）、盐度（S）、化学需氧量（COD）、悬浮物含量（TSM）、溶解氧（DO）、pH 值、营养盐（TN、TP）及叶绿素 a（Chla），依据《海洋调查规范》（GB/T 12763—2007）进行样品的采集和处理。在现场，采用 Sea-Bird CTD 仪器来测定水温和盐度（早期温度采用颠倒温度计、盐度利用盐度计测定），声波反射法来测定水深，碘量滴定法来测定溶解氧（DO），pH 计来测定 pH 值；在实验室，用 QuAAtro 营养盐流动分析仪来测定营养盐（早期营养盐采用 SKALAR 微连续流动分析仪测定），重量法来测定悬浮物（TSM），酸性高锰酸钾法来测定化学需氧量（COD），萃取荧光法来测定叶绿素 a（Chla）（早期叶绿素 a 采用丙酮萃取分光光度法测定）。

## 2.2　数据分析方法

生物丰度和生物量分别使用数量生态密度（ecological density of number）和生物量生态密度（ecological density of biomass）来表示，即分别使用单位面积捕捞的数量和重量来表示，单位分别为 $kN/km^2$ 和 $kg/km^2$。

物种优势度采用 1971 年 Pinkas 等提出的相对重要性指数（Index of Relative Importance，IRI）的大小来确定：

$$IRI = (N\% + W\%) \times F\%$$

式中：N% 为某一物种的丰度占总丰度的百分率；W% 为某一物种的生物量占总生物量的百分率；F% 为某一物种出现的站位数占调查总站位数的百分率。

群落多样性研究中 Margalef 种类丰富度指数和 Shannon-Wiener 多样性指数的计算公式分别为：

$$D = (S-1) / \ln N$$
$$H' = -\sum P_i \ln P_i$$

式中：D 为 Margalef 种类丰富度指数，S 为物种数，N 为总丰度，H' 为 Shannon-Wiener 多样性指数，$P_i$ 为第 i 种在每站丰度或生物量中所占的比例。其中，使用丰度比例计算得到的 H' 用 $H'_n$ 表示，使用生物量比例计算得到的 H' 用 $H'_w$ 表示。

丰度、生物量、多样性指数以及环境变量的年际差异比较采用 t 检验（两个年份之间）、单因素方差分析（oneway-ANOVA，多个年份之间），多重比较采用 Duncan 方法。在进行方差分析之前，先进行正态性检验（Kolmogorov-Smirnov test）和方差齐性检验（Levene's test）。对不能满足正态性和方差齐性的数据进行 ln（X+1）转化，转化后仍不能满足要求的进行非参数 Kruskal-Wallis 检验，满足总体差异显著后，进行 Mann-Whitney 比较。

在群落结构多因素分析中，为减少稀有种的效应，筛选出现频率超过 5% 的物种。构建 Bray-Curtis 相似矩阵，数据经过四次方根转化和标准化，进行等级聚类分析（CLUSTER）和非参数的多维标度排序（NMDS）。ANOSIM 分析群聚结构差异的显著性，SIMPER 分析相邻年份群聚结构的平均相异性。

运用典范对应分析（CCA）探讨群落结构与环境因子的关系。为增加多因素分析结果的解释力度，将稀有种从数据矩阵中移除，只保留出现频率超过 10% 的物种。在进行 CCA 分析之前，先进行去趋势对应分析（DCA），求得物种矩阵的最大梯度长度（lengths of gradients），若最大梯度长度小于 2SD，则适合进行冗余分析（RDA）；若在

2SD 和 3SD 之间，则 RDA 和 CCA 都适合；若大于 3SD，则适合进行 CCA 分析。

　　CCA 分析分为 3 步：①对所有的环境变量首先进行 CCA 分析，将方差膨胀因子（Variance Inflation Factor，*VIF*）大于 20 的环境因子进行选择性删除；②测试环境因子的边界效应（Marginal Effects）以及独立效应（Unique Effects）；③进一步进行 CCA 分析，筛选出能单独解释且最重要的环境因子的最小组合。使用 Monte-Carlo 检验来测试每个环境因子的重要性和显著性，以 $P<0.05$ 作为显著性标准。进行 CCA 和 DCA 分析时，数据进行 ln（$X+1$）转化。

　　空间分布特征分析采用 Surfer 8.0 软件，统计分析采用 SPSS 16.0 软件，群落结构分析使用 PRIMER 5.0 软件完成，DCA 和 CCA 分析使用 CANOCO 4.5 软件。

# 3 长江入海径流

## 3.1 长江入海径流年际变化

长江流域位居中纬度，大部分地处亚热带季风气候区，气候温和湿润，降雨丰沛，水系发达，水量丰富，年入海径流量约为全国河川径流总量的37%，为黄河的20倍。长江入海通量引起河口海岸区域的地貌、沉积体系发生快速演化，并对邻近海岸带及大陆架的自然和生态环境产生重要影响。

从1950—2012年通过大通站的长江年径流量、年输沙量的长期变化情况来看，过去的60年间，长江径流历年入海总量变化并不显著，年径流量总体趋势为波动平衡状态（图3.1）。自2003年起，长江三峡工程开始蓄水，径流量总体减少，2006年出现历史上少有的特枯年，2007—2008年年径流量出现一定程度的回升，2010年和2012年年径流量较大，以上变化均在径流量正常波动范围内。可以认为，2003年三峡水库低水位运行以来，长江大通站入海径流量略有减少，但仍保持过去几十年的波动特征，目前年入海径流量没有出现明显的趋势性变化。

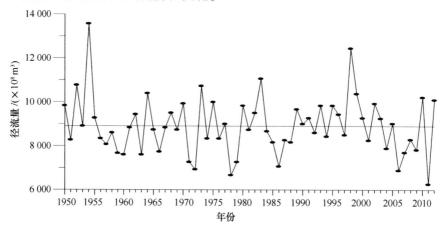

图 3.1  1950—2012 年大通站年径流量

根据各年流量距平值（$\Delta V$）与其多年平均值的标准偏差（$\sigma = 4\,150.25$）进行判别分析，可将大通站的流量划分为丰水年（$\Delta V > \sigma$）和枯水年（$\Delta V < -\sigma$）两种情况。依据判别标准，1952 年、1954 年、1964 年、1973 年、1983 年、1998 年、1999 年和 2010 年

为丰水年，而 1960 年、1971 年、1972 年、1978 年、1979 年、1986 年、2006 年和 2011 年为枯水年（图 3.2）。比较而言，在三峡工程运行中的 2003—2012 年间，共有 1 个丰水年（2010 年）和两个枯水年（2006 年和 2011 年）。显然，在此期间，枯水年多于丰水年，而且 2011 年和 2006 年分别是 1950 年以来的最枯水文年和第三枯水文年。最大熵谱分析表明，大通站年平均流量除了有 2 ~ 7 a 的年际变化外，还存在着显著的 15 a 的年代际振荡。从图 3.2 还可看到，在三峡水库建设期间，大通站的流量处于偏低时期。

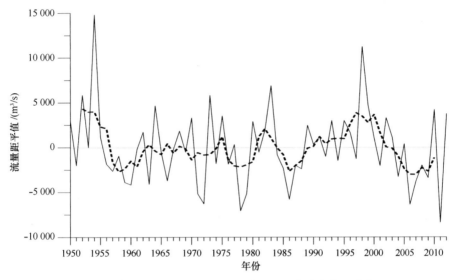

图 3.2　大通站流量的年际变化（实线）和年代变化（虚线）

大通站 1952—2002 年多年平均年径流量为 9 050×$10^8$ m³，2003—2012 年多年平均年径流量为 8 377×$10^8$ m³，较 1952—2002 年减少 673×$10^8$ m³（减少 7.4%）。在 1952—2002 年 51 年系列中，1954 年年径流量最大，为 13 600×$10^8$ m³，1978 年最小，为 6 759×$10^8$ m³，极值比约为 2.0。在 2003—2012 年 10 年系列中，2010 年年径流量最大，为 10 220×$10^8$ m³；2011 年最小，为 6 257×$10^8$ m³，极值比约为 1.6。

## 3.2　三峡工程蓄水前后长江入海径流年内分配变化特征

三峡水库运行前后长江大通站流量年内分配总体规律基本一致：洪季径流量在全年径流量中占绝对优势，枯季径流量所占比例较少（图 3.3）。与蓄水前相比，三峡水库蓄水后大通站流量在 1—3 月呈现上升趋势，上升比例为 14.9% ~ 20.1%，而在三峡工程试验性蓄水期流量进一步增加，增加比例为 21.6% ~ 31.0%。蓄水后大通站流量在 7 月、8 月有所降低，降低比例分别为 12.9% 和 7.1%，而在试验性蓄水期这种下降趋势稍有缓和，下降比例分别为 7.0% 和 0.3%。9—11 月，蓄水后和试验性蓄水期的大通站流量进一步下降，下降比例分别为 8.7%～22.8% 和 15.3%～26.0%，其中下降趋势最明显的是 10 月。

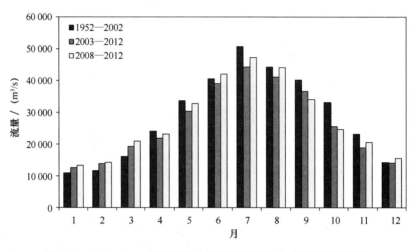

图 3.3　1952—2012 年间通过大通站的流量年内分配的长期变化

大通站 1952—2002 年多年平均年径流量为 9 050×10$^8$ m$^3$，其中 6—8 月径流量占全年的 40.1%（表 3.1），12 月全翌年 2 月径流量仅占全年的 10.6%。

大通站 2003—2012 年多年平均年径流量为 8 377×10$^8$ m$^3$，其中 6—8 月径流量占全年径流量的 39.4%（表 3.2），12 月至翌年 2 月径流量占全年的 12.5%。

2003—2012 年大通站多年平均年径流量较 1952—2002 年减少 673×10$^8$ m$^3$（减少 7.4%），其中 7—8 月减少 260×10$^8$ m$^3$（表 3.3），9—10 月减少 295×10$^8$ m$^3$（占同期径流量的 15.2%），1—3 月增加 184×10$^8$ m$^3$。

同时，为了进一步明确三峡大坝建设对大通站入海流量的影响，特选取大坝建设前后 15 年（1998—2012 年）大通站流量进行分析，将 1998—2012 年以三峡工程重要事件为节点分为 3 个时间段，分别为 1998—2002 年、2003—2007 年和 2008—2012 年（图 3.4）。在 1998—2012 年期间，以 1998—2002 年作为参照，2003—2007 年和 2008—2012 年枯季大通流量的抬升不明显，仅 3 月略有增加，而 7—11 月流量普遍低于 1998—2002 年。这可能与 1998 年是特大洪水年，而 2003 年三峡水库运行期间，大通站的流量处于偏低时期有关。

表3.1 1952—2002年大通站径流特征统计

| 月份 | 1 | 2 | 3 | 4 | 5 | 6 | 7 | 8 | 9 | 10 | 11 | 12 | 年 |
|---|---|---|---|---|---|---|---|---|---|---|---|---|---|
| 平均流量（m³/s） | 10 900 | 11 600 | 16 000 | 24 000 | 33 800 | 40 500 | 50 800 | 44 200 | 40 300 | 33 200 | 23 200 | 14 300 | 28 700 |
| 平均径流量（×10⁸m³） | 292 | 284 | 429 | 623 | 905 | 1 051 | 1 362 | 1 185 | 1 044 | 890 | 602 | 383 | 9 050 |
| 年内分配（%） | 3.2 | 3.1 | 4.7 | 6.9 | 10.0 | 12 | 15.1 | 13 | 11.5 | 9.8 | 6.7 | 4.2 | 100 |
| 最大月平均流量（m³/s） | 24 700 | 22 500 | 32 500 | 39 500 | 51 800 | 60 600 | 75 200 | 84 200 | 71 300 | 51 600 | 35 700 | 23 100 | 43 100 |
| 出现年份 | 1955 | 1971 | 1992 | 1991 | 1992 | 2000 | 1998 | 1954 | 1966 | 1980 | 1955 | 1954 | 1954 |
| 最小月平均流量（m³/s） | 7 220 | 6 740 | 7 990 | 12 800 | 22 600 | 27 200 | 32 800 | 25 900 | 21 600 | 16 800 | 13 200 | 8 310 | 21 400 |
| 出现年份 | 1979 | 1963 | 1963 | 1963 | 2000 | 1969 | 1972 | 1971 | 1972 | 1959 | 1956 | 1956 | 1978 |

注：表中值为1952—2002年特征值。

表 3.2 2003—2012 年大通站径流特征统计

| 月份 | 1 | 2 | 3 | 4 | 5 | 6 | 7 | 8 | 9 | 10 | 11 | 12 | 年 |
|---|---|---|---|---|---|---|---|---|---|---|---|---|---|
| 平均流量 (m³/s) | 12 500 | 13 800 | 19 300 | 22 000 | 30 400 | 39 000 | 44 300 | 41 100 | 36 800 | 25 600 | 18 800 | 14 100 | 26 500 |
| 平均径流量 (×10⁸ m³) | 335.1 | 337.3 | 515.8 | 569.0 | 815 | 1012 | 1 186 | 1 101 | 953 | 687 | 488 | 378 | 8 377 |
| 年内分配 (%) | 4.0 | 4.0 | 6.2 | 6.8 | 9.7 | 12.1 | 14.2 | 13.1 | 11.4 | 8.2 | 5.8 | 4.5 | 100 |
| 最大月平均流量 (m³/s) | 17 500 | 19 200 | 25 500 | 30 300 | 42 500 | 50 830 | 61 400 | 52 700 | 48 000 | 32 000 | 29 900 | 19 300 | 32 400 |
| 出现年份 | 2003 | 2005 | 2012 | 2010 | 2012 | 2010 | 2010 | 2012 | 2005 | 2003 | 2008 | 2012 | 2010 |
| 最小月平均流量 (m³/s) | 10 200 | 9 170 | 13 000 | 15 800 | 16 500 | 31 000 | 36 900 | 27 000 | 18 900 | 15 000 | 13 400 | 10 900 | 21 200 |
| 出现年份 | 2004 | 2004 | 2008 | 2011 | 2011 | 2007 | 2006 | 2006 | 2006 | 2006 | 2006 | 2007 | 2011 |

注：表中值为 2003—2012 年特征值。

表 3.3 2003 年前后系列大通站径流特征值变化

| 月份 | 1 | 2 | 3 | 4 | 5 | 6 | 7 | 8 | 9 | 10 | 11 | 12 | 年 |
|------|-----|-----|-----|-----|-----|-----|-----|-----|-----|-----|-----|-----|-----|
| 平均流量（m³/s） | 1 630 | 2 200 | 3 220 | -2 090 | -3 340 | -1 490 | -6 570 | -3 140 | -3 530 | -7 600 | -4 390 | -192 | -2 140 |
| 平均径流量（×10⁸ m³） | 44 | 54 | 86 | -54 | -89 | -39 | -176 | -84 | -91 | -204 | -114 | -5.2 | -673 |
| 最大月平均流量（m³/s） | -7 160 | -3 270 | -6 980 | -9 170 | -9 290 | -9 890 | -13 800 | -31 500 | -23 300 | -19 600 | -5 800 | -3 730 | -10 700 |
| 最小月平均流量（m³/s） | 3 020 | 2 440 | 5 060 | 3 020 | -6 140 | 3 790 | 4 050 | 1 090 | -2 670 | -1 860 | 147 | 2 600 | -277 |

注：表中值为 2003—2012 年系列特征值减 1952—2002 年系列特征值。

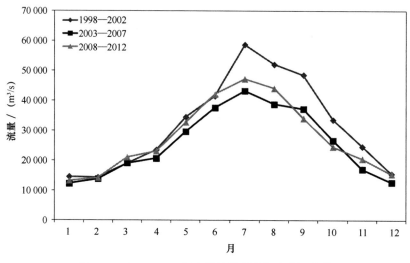

图 3.4　1998—2012 年大通站的流量年内分配变化

## 3.3　影响因素分析

### 3.3.1　自然因素

全球变化影响下的气候、降水等是影响长江入海流量的重要因素。以 1998 年为例，长江流域的大范围、长时间、高强度降水直接导致长江流域特大洪水的发生，该年入海流量远高于多年平均值；另外，在 2006 年、2011 年等枯水年，入海流量出现了明显下降。

### 3.3.2　人为因素

1）流域取水量增加

自改革开放以来，随着人口迅速增长和经济快速发展，长江流域的工业化及城市化进程不断加快，长江三角洲及沿江地区逐渐成为我国经济增长最活跃的地区之一，同时，流域用水量也快速增加，对长江水资源的开发利用进一步增强。据资料统计，从 1980 年到 2009 年，长江流域供水量从 1 091.27×10$^8$ m$^3$ 增加到 1 986.53×10$^8$ m$^3$，供水量年均增加 47.1×10$^8$ m$^3$，年均增长率为 3.2%。水利部下达的长江流域取用水总量控制指标显示，2015 年长江流域取用水量总量在 2 060×10$^8$ m$^3$ 左右，2020 年控制指标为 2 256×10$^8$ m$^3$，根据长江流域水资源综合规划预测，到 2030 年，多年平均情况下流域总需水量为 2 351×10$^8$ m$^3$。长江流域内的取用水以地表水为主，地下水所占的比重很低，仅占 0.04%~0.05%。长江流域用水量不断增加，必然会对长江口的入海淡水量产生一定程度的影响，特别是跨流域的调水，会更加明显地减少长江入海径流量。南水北调工程就是通过从水资源丰富的长江流域向水资源匮乏的北方输水，以实现水资源优化配置，缓解北方地区水资源紧张局面的跨流域调水工程。南水北调工程的实施对丰水年与平水年的长江流域水资源状况并无明显影响；而在枯水年的枯水期，即使采取避让措施限制从长江取用的流量，也会对河口淡水量产生一定影响。入海流量的减少，会对长江口区域的水生态环境带来一定程度的影响。在枯季，长江径流量减少可能导致海水入侵，使该地区淡水氯度超标，影响水源供应。另外，潮汐作用也会因为径流量的减少而加强，从而对河口的河道演变产生重要影响。

2）水库、大坝建设

随着中国经济的发展以及防洪、节约水资源需求的增加，长江流域一大批水利水电工程已经或将陆续建成。在过去短短几十年中，在长江各流域中共修建了 50 000 余座水库，其中大中型水库超过 1 000 座。这些水库的修建对长江入海径流产生了一定的影响。

除三峡水库外，预计到 2020 年，长江流域还将有以向家坝、溪洛渡为代表的 20 余座水库建成运行。这些水库建成后，将形成超过 $700 \times 10^8$ m³ 的调节库容，远景水库建成后，年内对水量的调节能力可达宜昌站多年平均来水量的 1/4。这些水库具有巨大的综合效益，同时也会不可避免地对长江中下游的来水过程产生影响。

## 3.4 与原预测的对比

### 3.4.1 对年际流量的影响

三峡工程建设前，对长江入海径流变化进行了预测，三峡工程为季节性调节水库，年径流总量与无工程时的年径流总量基本相同。本专题调查分析发现，2003 年三峡水库低水位运行以来，大通站的流量处于偏低时期，但仍保持过去几十年的波动特征，目前入海流量没有出现显著的趋势性变化，符合原预测。

### 3.4.2 三峡工程对流量年内分配的影响

20 世纪 80 年代预测，建库后，汛期（6—9 月）水库水位在防洪限制水位 145 m 运行，水库不蓄水，河口维持原有流量，防洪库容只起拦洪和滞洪作用。汛末 10 月起，水库蓄水到正常蓄水位，如遇枯水年 11 月继续蓄水，水库下泄水量减少。1—5 月增加下泄量，库水位从正常高水位下降到防洪限制水位，为汛期腾出防洪库容。由此推测，三峡工程兴建后虽然全年入海总水量不变，但水量年内分配将有所变化，使河口各月、季间的流量趋于均匀。

径流调查发现，与 1952—2002 年流量相比，三峡工程低水位蓄水后从洪季 7 月开始入海流量减少，说明除三峡工程外，还有其他自然或人为原因导致洪季流量减少，这种下降趋势一直持续到 11 月，9 月和 10 月下降比例最大，这与前期的预测结果一致，但三峡水库蓄水对相应月份河口流量变化的贡献目前尚不清楚，需进一步深入研究。在

1—3 月，与 1952—2002 年的数据相比，蓄水后流量普遍上升，这与预测结果一致。

### 3.4.3 建库后对典型年河口流量的影响

环评报告书中以水库调节增减量直接作为大通站流量增减值，预测了在典型年水库下泄量有变化的月份对河口径流量的影响，预测结果如表 3.4 所示。

**表 3.4　三峡建库前后典型年大通站流量变化预测**　　　　单位：$m^3/s$

| 典型年 | 项目 | 10 月 | 11 月 | 12 月 | 1 月 | 2 月 | 3 月 | 4 月 | 5 月 |
|---|---|---|---|---|---|---|---|---|---|
| 枯水年 1959—1960 | 建库前 | 16 800 | 16 300 | 11 800 | 9 200 | 8 090 | 14 300 | 20 700 | 31 000 |
| | 建库后 | 11 349 | 13 332 | 11 800 | 10 735 | 10 070 | 16 051 | 21 702 | 31 000 |
| | 增加量 | −5 451 | −2 968 | 0 | 1 535 | 1 980 | 1 751 | 1 002 | 0 |
| | 增加率（%） | −32.4 | −18.2 | 0 | 16.7 | 24.5 | 12.2 | 4.8 | 0 |
| 平水年 1950—1951 | 建库前 | 41 500 | 29 600 | 13 600 | 9 430 | 9 000 | 13 300 | 27 500 | 39 400 |
| | 建库后 | 33 083 | 29 600 | 13 600 | 10 701 | 10 788 | 15 121 | 27 303 | 40 983 |
| | 增加量 | −8 417 | 0 | 0 | 1 271 | 1 788 | 1 821 | −197 | 1 583 |
| | 增加率（%） | −20.3 | 0 | 0 | 13.5 | 19.9 | 13.7 | −0.7 | 4.0 |
| 丰水年 1949—1950 | 建库前 | 49 900 | 39 900 | 24 400 | 17 400 | 19 400 | 14 400 | 24 800 | 32 100 |
| | 建库后 | 41 483 | 39 900 | 24 400 | 17 843 | 20 396 | 15 243 | 23 772 | 27 114 |
| | 增加量 | −8 417 | 0 | 0 | 443 | 996 | 843 | −1 028 | −4 986 |
| | 增加率（%） | −16.9 | 0 | 0 | 2.5 | 5.1 | 5.8 | −4.1 | −15.6 |

将三峡水库蓄水后的 2006 年（枯水年）、2008 年（平水年）和 2010 年（丰水年）分别与预测背景值相比较，结果见表 3.5。从表 3.5 可以看出，不同典型年实际观测径流变化与预测均有差异。枯水年 10 月大通站流量变异幅度小于预测值，而 1—3 月变异程度高于预测值；平水年 10 月的流量减少和 1—2 月的流量增加比例高于预测结果；丰水年 10 月实际减少比例高于预测，而 1—2 月流量变化与预测趋势相反，3 月后流量高于建库前。

**表 3.5　三峡建库前后典型年大通站流量变化及与预测背景值比较**　单位：$m^3/s$

| 典型年 | 项目 | 10 月 | 11 月 | 12 月 | 1 月 | 2 月 | 3 月 | 4 月 | 5 月 |
|---|---|---|---|---|---|---|---|---|---|
| 枯水年 1959—1960 2006 | 建库前 | 16 800 | 16 300 | 11 800 | 9 200 | 8 090 | 14 300 | 20 700 | 31 000 |
| | 建库后 | 15 000 | 13 400 | 13 200 | 11 500 | 11 700 | 20 800 | 23 900 | 30 500 |
| | 增加量 | −1 800 | −2 900 | 1 400 | 2 300 | 3 610 | 6 500 | 3 200 | −500 |
| | 增加率（%） | −10.7 | −17.8 | 11.9 | 25.0 | 44.6 | 45.5 | 15.5 | −1.6 |
| | 预测值（%） | −32.4 | −18.2 | 0 | 16.7 | 24.5 | 12.2 | 4.8 | 0 |

续表

| 典型年 | 项目 | 10 月 | 11 月 | 12 月 | 1 月 | 2 月 | 3 月 | 4 月 | 5 月 |
|---|---|---|---|---|---|---|---|---|---|
| 平水年<br>1950—1951<br>2008 | 建库前 | 41 500 | 29 600 | 13 600 | 9 430 | 9 000 | 13 300 | 27 500 | 39 400 |
| | 建库后 | 27 300 | 29 900 | 17 100 | 11 000 | 12 200 | 13 000 | 23 900 | 25 000 |
| | 增加量 | −14 200 | 300 | 3 500 | 1 570 | 3 200 | −300 | −3 600 | −14 400 |
| | 增加率（%） | −34.2 | 1.0 | 25.7 | 16.6 | 35.6 | −2.3 | −13.1 | −36.5 |
| | 预测值（%） | −20.3 | 0 | 0 | 13.5 | 19.9 | 13.7 | −0.7 | 4.0 |
| 丰水年<br>1949—1950<br>2010 | 建库前 | 49 900 | 39 900 | 24 400 | 17 400 | 19 400 | 14 400 | 24 800 | 32 100 |
| | 建库后 | 30 600 | 17 800 | 15 300 | 12 400 | 15 400 | 20 500 | 30 300 | 39 900 |
| | 增加量 | −19 300 | −22 100 | −9 100 | −5 000 | −4 000 | 6 100 | 5 500 | 7 800 |
| | 增加率（%） | −38.7 | −55.4 | −37.3 | −28.7 | −20.6 | 42.4 | 22.2 | 24.3 |
| | 预测值（%） | −16.9 | 0 | 0 | 2.5 | 5.1 | 5.8 | −4.1 | −15.6 |

## 3.5　小结

　　三峡工程建设前的预测结果更多聚焦在三峡工程建设对入海径流的调节上，特别是对径流年内变化的影响。原预测表明：三峡工程为季节性调节水库，年径流量与无工程时基本相同。以上分析显示 20 世纪 50 年代以来，长江历年入海总水量变化不显著，保持基本稳定的状态。2003 年三峡水库低水位运行以来，长江大通站入海流量略有减少，但仍保持过去几十年的波动特征，目前年入海总流量没有出现显著的趋势性变化，与原预测结果一致。

　　相关径流的年内分配，原预测指出径流年内分配有所变化。实测数据分析显示，三峡水库 2003 年运行前后，枯季 1—3 月和洪季 7 月占全年流量比例有所改变：枯季的径流量在年内比值有所增加，而径流量最大的 7 月所占比值则有所降低，这在一定程度上反映了三峡水库拦洪调蓄的作用，与原预测结果一致。

# 4　长江入海泥沙的影响调查

## 4.1　长江入海泥沙长期变化

通过大通站的年输沙量呈现明显的下降趋势。其中，两个主要的下降趋势出现在 1986 年后和 2003 年后，详见图 4.1。1952—1985 年，大通站的年平均输沙量为 $4.82 \times 10^8$ t/a，而到 1986—2002 年下降为 $3.47 \times 10^8$ t/a，仅为前一时间段的 72.04%。输沙量的第二次显著下降发生在 2003 年，2003—2012 年长江年平均输沙量为 $1.45 \times 10^8$ t/a，仅占 1986—2002 年年平均输沙量的 41.34%，占 1952—1985 年年平均输沙量的 29.78%。

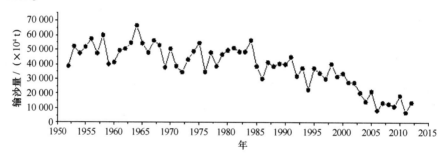

图 4.1　1952—2012 年间通过大通站的年输沙量的长期变化

为了进一步了解大通站输沙量的变化周期，利用黄嘉佑等介绍的谱分析方法，对 1952—2012 年经过大通站的年输沙量进行了最大熵谱分析，分析结果如图 4.2 所示，其中横坐标代表频率，纵坐标代表熵谱值，熵谱值大的频率所对应的周期就是输沙量的变化周期。从图中可以看出，从大通站入海的输沙量具有多个变化周期，其中较突出的周期依次为 56.9 年、8.8 年和 18.1 年（按谱值大小），可见，年输沙量的年际变化比较明显，但由于有记录的年份一共为 61 年，因此样本量不足，56.9 年的周期可信度不高，值得采纳的周期是 8.8 年和 18.1 年。

分析长江入海泥沙的长期变化趋势，将 1952—2012 年的输沙量序列看成是由时间 $t$ 为自变量构成的一些简单函数的线性组合 $y$，即 $y(t) = c_0 + c_1 t + c_2 t^2 + c_3 t^3 + c_4 t^4 + c_5 t^{1/2} + c_6 t^{-1} + c_7 t^{-1/2} + c_8 t^{-2} + c_9 e^{-t} + c_{10} \ln t$，式中：$t$ 为时间变量，以年为单位，1952 年为起始点，即 $t = 1, 2, 3, 4 \cdots, 61$；$c_0 \sim c_{10}$ 为回归系数，利用逐步回归分析法得出式中的系数。经过逐步筛选，得到最佳回归方程为 $y(t) = 49\,842.07 - 0.186\,675\,6\,t^3$，即随着时间增长，长江入海泥沙以时间的三次方逐渐减少。大通站泥沙输运量的长期变化趋势如图

4.3 所示。

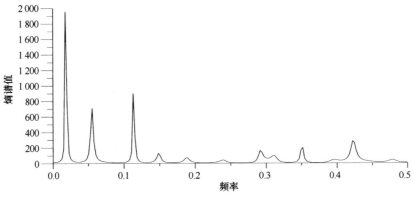

图 4.2　大通站泥沙输运量的最大熵谱

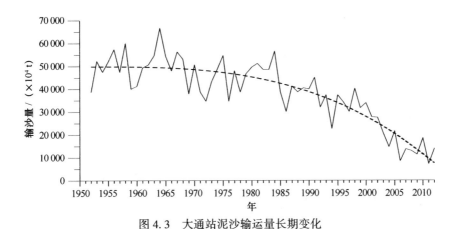

图 4.3　大通站泥沙输运量长期变化

## 4.2　三峡工程蓄水前后长江入海泥沙年内分配变化特征

与蓄水前（1998—2002 年）相比，蓄水后 2003—2007 年年输沙量下降了近 51%，其中 7 月、8 月、10 月、11 月贡献最大，下降幅度比较大，分别为 63.2%、54.7%、60.9% 和 60.0%；2008—2012 年输沙量下降了近 61%，主要发生在 7 月、8 月、9 月、10 月，下降幅度分别达到了 75%、61%、66% 和 79%，详见图 4.4。可以看出，长江口入海泥沙年内分配发生改变，入海泥沙下降主要发生在洪季。

## 4.3　影响因素

1）三峡工程建设对入海泥沙减少的贡献估算

2003—2012 年三峡水库实际运行的 10 年中，入库上游测站来沙量平均 $1.97 \times 10^8$ t/a，

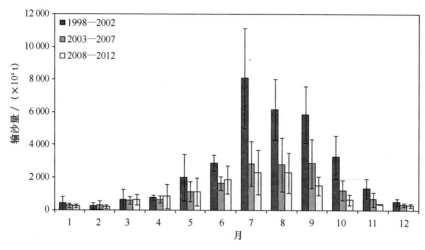

图 4.4　1998—2012 年间入海输沙量年内分配变化

库区两侧未测区泥沙量约 $0.30×10^8$ t/a，入库总来沙量平均 $2.27×10^8$ t/a，见表 4.1，比工程论证阶段预测所基于的背景值 $5.56×10^8$ t/a 下降 59%。

2003—2012 年三峡水库平均出库泥沙量 $0.46×10^8$ t/a（宜昌站），比工程论证阶段预测的 $1.65×10^8$ t/a 下降 72%。这 10 年的平均水库排沙比为 18%，比工程论证阶段预测的排沙比 30% 低 12 个百分点。

基于泥沙量平衡计算（不包括人口采砂量），若考虑干流两翼未测区的来沙贡献，2003—2012 年三峡大坝下游宜昌—大通干流河段冲刷通量为 $0.60×10^8$ t/a；若不考虑未测区的来沙贡献，则为 $0.70×10^8$ t/a（Yang et al.，2007）。这只相当于工程论证阶段预测值 $1.83×10^8$ t/a 的 1/3 左右。因此，三峡工程运行导致干流河床从淤积向冲刷的转变。工程前的淤积主要发生在宜昌—汉口河段。工程后的冲刷也主要发生在宜昌—汉口河段（Yang et al.，2011），尤其是靠近三峡大坝下游的 200 km 河段（Luo et al.，2012；Dai et al.，2013），这种冲刷向下游减弱的空间格局与工程论证阶段预测的结论（水利水电科学研究院，长江科学院，1990）一致。

2003—2012 年的大通站输沙量 $1.45×10^8$ t/a 较 1951—1968 年的 $4.99×10^8$ t/a 下降 $3.54×10^8$ t/a。20 世纪 60 年代以来，大通站泥沙通量的下降经历了大致 3 个阶段：第一阶段下降约 $0.6×10^8$ t/a，主要与 20 世纪 60 年代末汉江丹江水库的修建有关（Yang et al.，2002）；第二阶段下降约 $1×10^8$ t/a，主要与 20 世纪 80 年代中期以后长江上游的水库修建和水土保持有关（Yang et al.，2006）；第三阶段即三峡工程运行以来的 10 年，下降 $1.95×10^8$ t/a。长江大通站以下子流域占长江流域总面积的 6%，根据大通站以下流域与相邻的汉江和鄱阳湖流域的自然条件（地形、气候、植被）和人类活动影响的特点，估计其对长江总径流量的贡献约为 6%，而对入海泥沙通量的贡献约为 3%～4%（杨世伦，2013）。大通站泥沙通量对长江入海泥沙通量具有很好的代表性。

2）上游水利水电工程

为满足流域防洪、发电、灌溉、航运等综合治理开发的需要，长江上游一大批控制性水利水电工程已经建成或将陆续建成。目前已经建成的控制性水库有：雅砻江的二滩，岷江的紫坪铺，白龙江的宝珠寺，乌江的洪家渡、东风、乌江渡，以及长江干流的三峡和葛洲坝等。预计到 2020 年还将有以向家坝、溪洛渡为代表的 20 余座控制性水库建成投运。这些水库建成后，将形成超过 $700×10^8$ m$^3$ 的调节库容。水库除调节径流分配外，还拦截了部分入库泥沙。

3）上游水土保持

赵俊华等（2004）对三峡库区的研究结果显示，通过两次土壤侵蚀遥感调查结果对比表明，20 世纪 90 年代末期的土壤侵蚀总面积比 80 年代中期减少，土壤侵蚀强度降低。其中，微度侵蚀面积增加 926 553.87 hm$^2$，轻度侵蚀面积增加 163 803.31 hm$^2$，中度侵蚀面积减少 358 258.63 hm$^2$，强度侵蚀面积减少 414 812.59 hm$^2$，极强度侵蚀面积减少 255 953.76 hm$^2$。三峡库区开展水土保持综合治理，对于控制土壤侵蚀、改善生态环境发挥了重要作用。20 世纪 90 年代末期与 80 年代中期相比，水田、梯坪地、园地、覆盖度大于 45% 的林地与覆盖度大于 45% 的草灌地面积均有所增加，同时覆盖度小于 45% 的林地与覆盖度小于 45% 的草灌地面积减少。土地利用具体变化情况为：水田面积增加 143 464.80 hm$^2$，梯坪地增加 103 726.59 hm$^2$，坡耕地减少75 525 hm$^2$，林地增加 203 571.53 hm$^2$，草灌地减少 545 947.56 hm$^2$，城镇及交通用地增加 75 636.11 hm$^2$，水域增加 167 291 hm$^2$，难利用地减少 7 546.41 hm$^2$。可以看出长江流域的水土保持措施对减少长江的泥沙具有一定的作用。

4）河道采砂

在长江流域，对河沙的采掘由来已久，但大规模的机械采砂仅从 20 世纪 70 年代开始，此后采砂活动日趋兴盛。由于缺乏有效的监测与统计，因此对长江中下游干流年采砂量的估计差距很大，从 $3 000×10^4$ t 到几亿吨不等。Chen 等（2005）估计长江中下游干流年采砂为 $4 000×10^4$ t~$8 000×10^4$ t。而根据王金生的研究（2004）长江中下游四省的长江河道共设置 44 个可采区，经审批的年度采砂总量超过 $5 300×10^4$ t。由于利益的驱动，非法采砂盛行，实际采砂量远远大于上述数字。因此长江中下游干流年采砂量应该在 Chen 等估计的上限，即 $8 000×10^4$ t 左右，或者说近亿吨。关于河道采砂对河流输沙的影响，目前尚未见专门的研究。Chen 等（2005）认为河道采砂一定程度上导致了长江中下游河流输沙量减少。随着长江入海泥沙的进一步下降，河道采砂带来的影响可能会越来越大。

## 4.4 与原预测的对比

### 4.4.1 上游来沙量

2003—2012 年三峡水库实际运行的 10 年中，入库上游测站来沙量平均 $1.97×10^8$ t/a，库区两侧未测区泥沙量约 $0.30×10^8$ t/a，入库总来沙量平均 $2.27×10^8$ t/a，比工程论证阶段的背景值 $5.56×10^8$ t/a 下降59%。

### 4.4.2　出库泥沙量和排沙比

2003—2012 年三峡水库平均出库泥沙量 $0.46×10^8$ t/a（宜昌站），比工程论证阶段预测的 $1.65×10^8$ t/a 下降72%。这 10 年的平均水库排沙比为 18%（若不考虑库区两侧未测区来沙量则平均排沙比为 23%），比工程论证阶段预测的排沙比 30% 低 12 个百分点。

### 4.4.3　中下游支流来沙量

2003—2012 年三峡大坝下游的汉江、洞庭 4 水和鄱阳 5 河的平均总来沙通量为 $0.22×10^8$ t/a，比蓄水前的 1956—2002 年（平均 $0.76×10^8$ t/a）下降71%。2003—2012 年 3 个子流域对干流的泥沙净供给通量为 $0.26×10^8$ t/a，比工程论证阶段的预测值大 $0.14×10^8$ t/a。

### 4.4.4　坝下游河床冲刷量

基于泥沙量平衡计算（不包括人口采砂量），若考虑干流两翼未测区的来沙贡献，2003—2012 年三峡大坝下游宜昌—大通干流河段冲刷通量为 $0.60×10^8$ t/a；若不考虑未测区的来沙贡献，则为 $0.70×10^8$ t/a，相当于工程论证阶段预测值 $1.83×10^8$ t/a 的 1/3 左右。工程后的冲刷主要发生在宜昌—汉口河段（Yang et al.，2011），尤其是靠近三峡大坝下游的 200 km 河段（Luo et al.，2012；Dai et al.，2013），这种冲刷向下游减弱的空间格局与工程论证阶段预测的结论一致。

### 4.4.5　建库后入海泥沙通量

原预测结论指出，三峡建库后宜昌沙量减少 67% 时，大通站输沙量约 $3×10^8$ t 左右，又据上海水利局的分析计算，认为将减少 $6.3×10^7$ t，因而建坝后大通站年输沙量为 $3×10^8$~$4×10^8$ t，为工程建设前输沙量的 64%~87%。

2003—2012 年大通站输沙量为 $1.45×10^8$ t/a，比工程论证阶段预测值减少 40% 左右。

## 4.5　小结

长江入海年输沙量呈现明显的下降趋势。其中，两个主要的下降趋势出现在 1986 年后和 2003 年后，随着时间增长入海泥沙以时间的三次方逐渐减少。长江口入海泥沙年内分配发生改变，入海泥沙下降主要发生在洪季。除三峡工程外，上游水利水电工程实施、上游水土保持和河道采砂等因素对入海泥沙减少均有影响。

三峡工程建设前的预测结果更多聚焦在三峡工程建设对入海径流的调节上，特别是对径流年内变化的影响，相关三峡水库对入海泥沙的调节作用原预测估计不足，特别是上游来沙的迅速减少，造成背景值改变。原预测指出，三峡大坝建成后将有 67% 的泥沙沉积库内，下泄水中悬沙特别是较粗粒级的含量大量减少，使下游河床发生冲刷，并吸收支流、湖泊泥沙的补充，使悬沙浓度得到相当程度的恢复，宜昌沙量减少 67% 时大通沙量为 $3×10^8$ t 左右。2003 年三峡水库开始蓄水低位运行后，长江大通站年平均输沙量降至历史上最小阶段，减少趋势显著，大多年份低于 $2×10^8$ t。与 2003 年以前相比，三峡工程蓄水后枯季输沙量变化不大，而洪季输沙量显著下降，这说明年输沙量减少主要是由于洪季入海泥沙量降低。

# 5 长江口物理环境

## 5.1 长期变化特征

　　水体的盐度、温度是物理环境要素，能够反映水动力条件特征，稳定的盐度和温度条件对于维持海洋生态系统的平衡稳定具有非常重要的意义。长江口水域受多流系混合作用影响，盐度、温度复杂多变。

　　长江口及其邻近海域表层海水温度和盐度年际变化如表5.1所示。方差分析结果可以看出，温度和盐度在年际间变异显著。春季，2011年平均盐度最高，1999年最低；秋季，2009年平均盐度最高，2000年和2003年最低。调查水域表层海水温度在春季高于秋季，但春、秋两季中表层水温波动性均较大。春季，2004年平均温度最高，其次是2010年及2009年，2011年最低；秋季，2011年平均温度最高，达到了20.20℃，而2009年平均温度最低，只有15.35℃。

**表5.1　长江口及其邻近海域表层海水盐度、温度年际变化**

| 参数 | | 1999年 | 2001年 | 2004年 | 2007年 | 2009年 | 2010年 | 2011年 | 2012年 | | |
|---|---|---|---|---|---|---|---|---|---|---|---|
| 春季 | 盐度 | 16.36$^A$ | 18.64$^{AB}$ | 21.28$^{AB}$ | 22.03$^B$ | 18.47$^{AB}$ | 16.83$^A$ | 23.67$^B$ | 20.49$^{AB}$ | | |
| | 温度（℃） | 19.20$^C$ | 18.16$^B$ | 20.86$^E$ | 18.84$^C$ | 19.71$^D$ | 19.98$^D$ | 16.99$^A$ | 17.44$^A$ | | |
| 参数 | | 1998年 | 2000年 | 2002年 | 2003年 | 2004年 | 2007年 | 2009年 | 2010年 | 2011年 | 2012年 |
| 秋季 | 盐度 | 21.59$^{ABC}$ | 17.42$^A$ | 24.27$^{BC}$ | 18.59$^{AB}$ | 20.96$^{ABC}$ | 24.40$^{BC}$ | 24.54$^C$ | 22.51$^{ABC}$ | 23.97$^{ABC}$ | 22.89$^{ABC}$ |
| | 温度（℃） | 18.79$^B$ | 18.53$^B$ | 17.07$^A$ | 19.84$^{CD}$ | 19.83$^{CD}$ | 18.90$^{BC}$ | 15.35$^A$ | 16.97$^A$ | 20.20$^D$ | 17.94$^{AB}$ |

注：数值代表平均值，上标不同代表数值之间存在显著性差异。

　　盐度空间分布代表径流的作用区域，直接反映长江冲淡水入海后的流动特征。春季，长江口水域盐度高值区主要分布在调查海域靠近外海的部分，低值区主要分布在长江口门内，呈现从近岸向近海逐步上升的趋势（图5.1）。同时，从盐度等值线中可以看出，长江南支入海处等值线分布比较密集，表明长江冲淡水主要从南支入海。另外，各个年份盐度等值线的位置分布各不相同，这可能与年径流量不同有关。以盐度为25的等盐线为例，在年径流量较高（10 219.9×10$^8$ m$^3$）的2010年，其位置可到达122°45′E，而在年径流量较小（6 256.5×10$^8$ m$^3$）的2011年，其最远位置仅到达122°30′E。在年径流量相近的2001年（8 250.9×10$^8$ m$^3$）、2004年（7 888.8×10$^8$ m$^3$）、2009年（7 824.7×10$^8$ m$^3$），等盐线的位置分布也略有变动，2001年5月，盐度等值线在经向上呈马鞍状分布，盐度大于 25 的高值区主要位于 122°37′ E 以东海域；2004 年春季，盐度等值线在靠近长江口南支的地方更密集，表明长江冲淡水受一定的压制影响，而盐度高值区（大于 25）向西移动，主要位于 122°25′ E 以东海域。

与春季相同，秋季盐度等值线也呈现从近岸到近海逐渐上升的趋势（图 5.2），表明长江冲淡水向外海延展的趋势。在近口门处，盐度等值线在南端分布比较密集，而在东北方向发生一定的偏转，表明长江冲淡水入海后向东北方向发生一定程度的转向。另外，与春季相比，2004 年、2007 年、2009 年、2010 年和 2011 年等盐线向口门内退缩，这说明秋季外海的作用强于春季。另外，在年径流量相近的 2000 年（$9\ 267.5×10^8\ m^3$）、2003 年（$9\ 249.1×10^8\ m^3$）及 2010 年（$10\ 219.9×10^8\ m^3$），等盐线分布也不尽相同：2000 年秋季，盐度等值线为 15 的咸淡水混合区主要位于 122°47′ E 以西的海域，盐度高值区（大于 25）的位置主要位于调查海域的东北方向，在 31°20′—31°30′ N 存在一个等盐线密集区，盐度从 15 迅速增加到 30，这反映出长江冲淡水在河口区域受来自东北部外海区水体的压制作用比较明显，长江冲淡水被限制在西南部海域；2003 年秋季，盐度等值线为 15 的咸淡水混合区主要位于 122°43′ E 以西的海域，盐度高值区（大于 25）的位置主要位于调查海域的东部，122°50′ E 以东的海域，盐度等值线密集区出现了一定程度的北移；2010 年秋季，长江口水域表层海水盐度低值区主要集中在长江口门内区域，盐度分布从近岸向近海逐步增高，盐度等值线为 15 的咸淡水混合区进一步向西移动，已经被限制在了 122°15′ E 以西的海域，与此同时盐度大于 25 的高值区也向西逼近，最顶端已经到达了 122°25′ E。

与盐度相比，温度的分布情况比较复杂。一般而言，在春季，温度相对较高的长江冲淡水会在口门处形成一个从高温到低温的温度梯度，但是，温度并不是简单地向海方向逐渐降低，而通常会在区域形成一个低温中心，这可能与黄海冷水团的残留部分侵入有关，表明温度除受长江冲淡水影响外还有其他因素影响。2001 年春季，长江口及邻近海域温度较高的水域主要分布在口门内，并且沿着长江冲淡水舌方向到达调查海域中部小部分海域有一高值中心，靠近外海部分的海域温度较低。2004 年春季，顺着长江口南支入海的方向上存在一个温度高值区，在此温度高值区两侧各有一个低温区，温度最低值为 19.2℃。2009 年春季，长江口水域 37 个站点的表层海水温度平均值为 19.7℃，在长江口南支冲淡水入海方向上存在温度高值区，调查站位温度最低值为 17.7℃，温度低值区主要集中在调查海域靠外海一侧（图 5.3）。

与春季不同，秋季长江口及其邻近海域在近岸到近海方向上基本呈现温度逐渐上升的趋势（图 5.4），这一方面与在秋季冲淡水温度低于海水温度有关，另一方面也说明长江冲淡水是影响该海域表层海水温度的主要因素。2000 年秋季，长江口水域调查站位表层海水平均温度为 18.5℃，温度高值区主要分布在调查海域靠外海一侧特别是东北侧海域，温度最低值为 15.0℃，温度低值区主要分布在长江口北支入海处。2003 年秋季，长江口水域 32 个调查站位表层海水平均温度为 19.8℃，温度大于 20℃ 的海域主要分布在 122°30′ E 以东，高值区主要集中在调查海域东北侧，温度较低的海域主要存在于长江冲淡水入海的方向上。2010 年秋季，长江口及邻近海域表层海水平均温度为

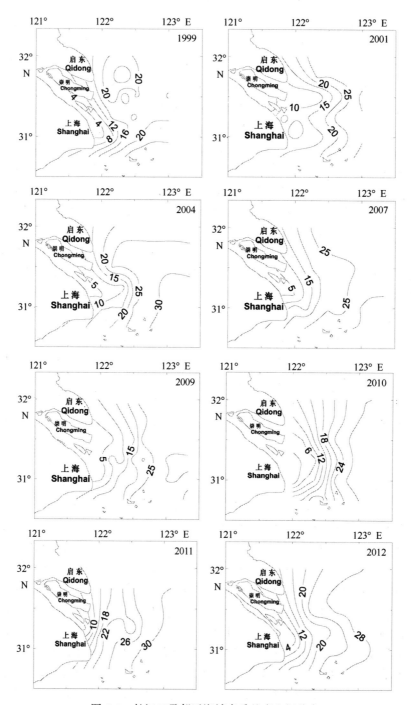

图 5.1　长江口及邻近海域春季盐度空间分布

17.0℃，温度高值区主要集中在调查海域靠外海一侧，特别是东北方向上，温度最低值为15.4℃，温度低值区主要集中在长江口南支、北支入海方向上。

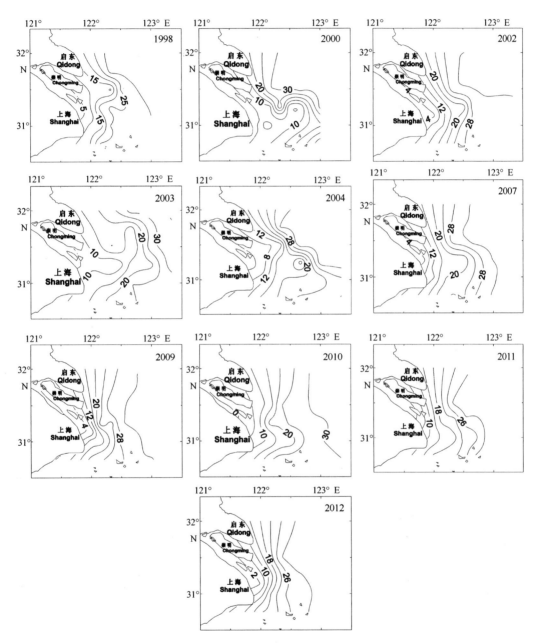

图5.2 长江口及邻近海域秋季盐度空间分布

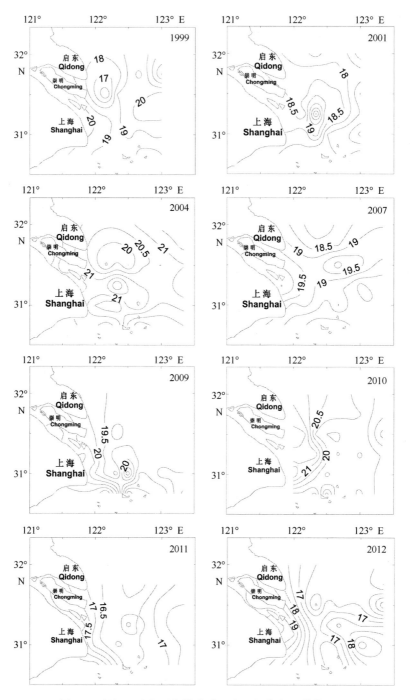

图 5.3　长江口及邻近海域春季温度空间分布（单位:℃）

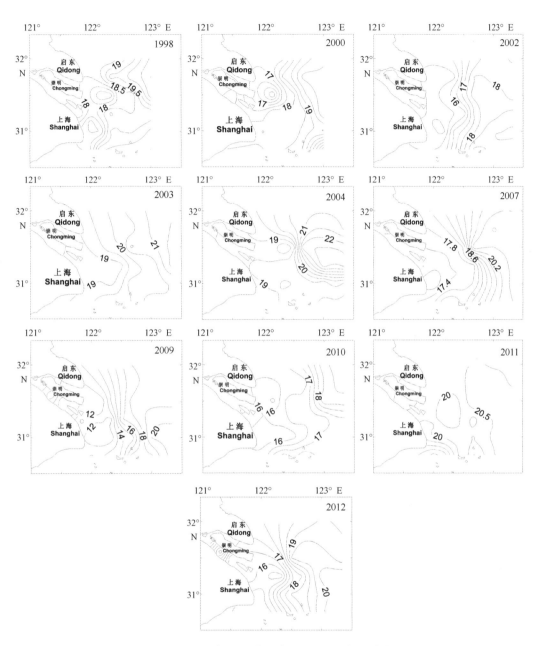

图5.4　长江口及邻近海域秋季温度空间分布（单位：℃）

## 5.2　三峡工程蓄水前后变化特征

为调查 1998—2012 年三峡工程建设不同阶段长江口生态环境特征，将这 15 年跨度的调查数据分为 3 个 5 年阶段：1998—2002 年、2003—2007 年和 2008—2012 年。包括三峡水库蓄水前 1 个时间段，三峡水库蓄水后两个时间段。

1998—2012 年春季和秋季表层海水盐度均呈上升趋势。春季，与 1998—2002 年相比，2003—2007 年及 2008—2012 年调查海域表层盐度分别上升了 4.19 和 3.10，相对较高；秋季，2003—2007 年及 2008—2012 年调查海域表层盐度比蓄水前分别上升了 0.20 和 2.44（表 5.2）。

春季，2003—2007 年长江口及其邻近海域表层海水温度上升了 1.15℃，但 2008—2012 年又有所降低；秋季，与蓄水前相比，2003—2007 年表层海水温度上升了 1.42℃，并达到了显著性水平，但在 2008—2012 年又有所降低，甚至比蓄水前还要低 0.63℃。

**表 5.2　长江口及邻近海域表层海水盐度、温度年际变化**

| 参数 | 春季 | | | 秋季 | | |
|---|---|---|---|---|---|---|
| | 1998—2002 年 | 2003—2007 年 | 2008—2012 年 | 1998—2002 年 | 2003—2007 年 | 2008—2012 年 |
| 盐度 | 17.48[A] | 21.67[B] | 20.58[AB] | 21.22[A] | 21.42[A] | 23.66[A] |
| 温度（℃） | 18.69[A] | 19.84[B] | 18.39[A] | 18.09[A] | 19.51[B] | 17.46[A] |

注：数值代表平均值，上标不同代表数值之间存在显著性差异。

## 5.3　影响因素

长江口水域盐度数值的年际变化与大通站平均径流量的年际变化有良好的对应关系。春季，在年径流量较高的 1999 年和 2010 年盐度较低，在年径流量较低的 2011 年盐度较高，并且这种差异达到了显著水平，而在年径流量相近的 2001 年、2004 年、2007 年及 2009 年，长江口及邻近海域表层海水盐度之间并没有显著性差异（见表 5.1）；秋季，调查海域表层海水盐度同样在年径流量较高的 2000 年及 2003 年较低，而在年径流量较低的 2007 年、2009 年及 2011 年较高（见表 5.1）。

长江口地处黄海和东海的交界处，受多流系混合作用影响，南有高温、高盐的台湾暖流及其延续体北上，北有低温、高盐的黄海沿岸流、苏北沿岸流南下。台湾暖流和黄海沿岸流、苏北沿岸流以及长江冲淡水相互交汇、混合，形成了长江口海区较为复杂的环流体系。春季，长江冲淡水进入长江口及邻近海域，形成了一个明显的低盐水舌，顺着长江径流流动方向盐度逐渐升高，同时，在长江口水域靠外海一侧特别是东南侧水域有一高盐水舌，这是由于在春季，势力较强的台湾暖流侵入调查海域所致。在径流量相近的年份，与 2001 年相比，三峡工程蓄水后（2009 年）等盐线明显向东偏移，说明三峡工程的季节性放水对长江口及邻近海域表层盐度具有一定程度的影响。秋季，长江冲淡水进入河口以后并不是一直按照东南方向流动，而是在 122°30′E 附近转为东北方向，并且转角的大小随着径流量的增大而增大，从图 5.2 中可以看出，在年径流量相近的年份，三峡工程运行以后，转角明显变小，同时台湾暖流势力减弱而黄海沿岸流开始增强，在调查海域东北侧具有明显的高盐区。在径流量相近的年份，与三峡工程蓄水前相比，秋季三峡工程蓄水后盐度等值线明显向口门方向偏移。

## 5.4　与原预测的对比

1）水温

原预测指出，长江口水域水温在 4—8 月近岸稍高于远岸，10 月至翌年 2 月近岸水温有所升高。由于长江口水域温度梯度较盐度梯度小，三峡水库建成后对河口近海水温影响不大。

实际调查结果显示，蓄水后长江口水域春季温度分布规律年际间不完全一致，水温仅在 2009 年表现出近岸高于外海，其他年份水温分布较为复杂，这与原预测结果不完全一致，说明三峡水库蓄水后 1—3 月增加的下泄流量对河口近岸水域温度影响程度较弱；秋季河口近岸水温的增加主要表现在蓄水后 2003—2007 年间，2008 年后近岸水温低于 2003—2007 年，与蓄水前差异不显著，这与原预测结果不完全一致。

2）盐度

（1）20 世纪 80 年代预测指出，长江口口门附近及近海平均盐度（$S$）与大通站月平均流量（$Q$）呈负指数相关。实际数据分析显示，秋季（11 月）盐度与径流间负指数相关关系达到显著水平：

$$S = 31.464\ 4\ \exp\ (-0.000\ 5 \times Q)\ (P = 0.016)$$

而春季二者相关关系不显著（$P = 0.253$）。可以看出，这与预测部分吻合。

（2）关于不同季节近岸和远岸水体盐度变化，原预测指出 10 月三峡水库蓄水，河口近岸水体盐度升高 2.36，近海盐度升高 0.55，冬春季水库增加下泄量，河口盐度下降，幅度在 1 以下。

根据盐度梯度将河口水域分成 3 个区域——口门内、近岸区和近海区（图 5.5），探讨三峡工程建设不同时期河口水域盐度变化，结果见表 5.3。三峡工程不同建设时期秋季（11 月）长江口全水域平均盐度无显著差异（见表 5.2），而近岸区水体盐度在三峡工程蓄水后出现升高趋势，2008—2012 年高于蓄水前 3.75，近海区盐度变化不显著。水库蓄水后秋季河口近岸水体盐度升高幅度高于预测值，近海盐度没有表现出升高趋势，与预测结果不完全一致。随三峡工程进程，春季口门内盐度有降低趋势，但未达到显著水平，近岸和近海区盐度表现为升高趋势，这与预测结果基本一致。

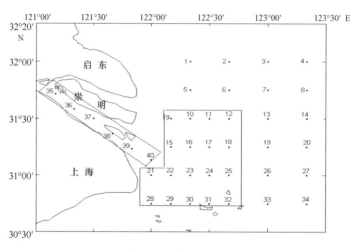

图 5.5　长江口及邻近海域分区范围

表 5.3　三峡工程建设不同时期长江口水域盐度变化

| 区域 | 时期 | 春季 | 秋季 |
|---|---|---|---|
| 口门内 | 1998—2002 年 | 4.51[A] | 3.35[A] |
| | 2003—2007 年 | 3.29[A] | 4.25[B] |
| | 2008—2012 年 | 2.16[A] | 2.08[C] |
| 近岸区 | 1998—2002 年 | 17.75[A] | 19.86[AB] |
| | 2003—2007 年 | 22.72[B] | 19.5[A] |
| | 2008—2012 年 | 19.13[A] | 23.61[B] |
| 近海区 | 1998—2002 年 | 24.44[A] | 31.72[A] |
| | 2003—2007 年 | 28.07[AB] | 30.76[A] |
| | 2008—2012 年 | 28.49[B] | 31.98[A] |

注：数值代表平均值，上标不同代表数据之间存在显著性差异。

## 5.5　小结

长江口水域春季盐度高值区主要分布在调查海域靠近外海的部分，低值区主要分布在长江口门内区域，呈现从近岸向近海逐步上升的趋势。1998—2012 年春季和秋季表层海水盐度均呈逐年上升趋势。春季，与 1998—2002 年相比，2003—2007 年及 2008—2012 年调查海域表层盐度分别上升了 4.19 和 3.10，秋季比蓄水前分别上升了 0.20 和 2.44。

春季，2003—2007 年长江口水域表层海水温度上升了 1.15℃，但 2008—2012 年又有所降低；秋季，与蓄水前相比，2003—2007 年表层海水温度上升了 1.42℃，并达到了显著性水平，但在 2008—2012 年阶段又有所降低，甚至比蓄水前还要低 0.63℃。

原预测指出，长江口水域水温在 4—8 月近岸稍高于远岸，10 月至翌年 2 月近岸水温有所升高。由于长江口水域温度梯度较盐度梯度小，三峡水库建成后对河口近海水温影响不大。实际调查结果显示，蓄水后长江口水域春季温度分布规律年际间不完全一致，水温仅在 2009 年表现出近岸高于外海，其他年份水温分布较为复杂，这与原预测结果不完全一致，说明三峡水库蓄水后 1—3 月增加的下泄流量对河口近岸水域温度影响程度较弱；秋季河口近岸水温的增加主要表现在蓄水后 2003—2007 年间，2008 年后近岸水温低于 2003—2007 年，与蓄水前差异不显著，这与原预测结果不完全一致。

20 世纪 80 年代预测指出，长江口口门附近及近海平均盐度（$S$）与大通站月平均流量（$Q$）呈负指数相关。实际数据分析显示，秋季（11 月）盐度与径流间负指数相关关系达到显著水平：$S = 31.464\,4\,\exp\,(-0.000\,5 \times Q)$（$P = 0.016$），而春季二者相关关系不显著（$P = 0.253$），这与预测部分吻合。80 年代对不同季节近岸和远岸水体盐度变化作出预测，10 月三峡水库蓄水，河口近岸水体盐度升高 2.36，近海盐度升高 0.55，冬春季水库增加下泄量，河口盐度下降，幅度在 1 以下。三峡工程不同建设时期秋季长江口全水域平均盐度无显著差异，而近岸区水体盐度在 2008—2012 年出现升高趋势，高于蓄水前 3.75，近海区盐度变化不显著，这与原预测结果不完全一致，稍有出入的是近岸水体盐度升高幅度高于预测值，近海盐度没有表现出升高趋势；随三峡工程进程，春季口门内盐度有降低趋势，但未达到显著水平，近岸区和近海区盐度表现为升高趋势，这与预测结果基本一致。

# 6　长江口水化学环境

## 6.1　长期变化特征

长江口水域表层海水溶解氧（DO）含量具有明显的时空变化特征。春季，溶解氧含量在 2004 年最低，在 2010 年达到最大，之后虽有所降低但仍保持较高水平；秋季，调查海域表层海水溶解氧含量低于春季，秋季 DO 含量最高的年份是 1998 年，2002 年秋季 DO 含量最低（表 6.1）。

长江口水域表层海水化学需氧量（COD）具有明显的年际变化特征。春季，调查海域表层海水 COD 年际间差异显著，COD 最高值出现在年径流量最高的 2010 年，这可能与长江携带入海的有机物含量增加有关，而调查海域 COD 最低值出现在年径流量最低的 2011 年，只有 1.32 mg/L；秋季，调查海域表层海水 COD 普遍低于春季，秋季 COD 在年际间也存在波动现象，但年际间差异并不显著（表 6.1）。

春季，调查海域表层海水硝酸盐（NO₃-N）含量年际间波动性较小，并无显著变化趋势；秋季，硝酸盐含量在 2003 年后略有上升。

春季，调查海域表层海水磷酸盐（PO₄-P）含量呈波动状态，其中磷酸盐平均含量最高的年份是 2001 年，含量最低值出现在 2007 年；秋季，磷酸盐含量最高值出现在 2011 年，为 1.07 mg/L，最低值出现在 1998 年，为 0.37 mg/L，年际间磷酸盐含量差异性显著（表 6.1）。

春季，调查海域表层海水硅酸盐（SiO₃-Si）含量整体呈现下降趋势，最高值为 57.51 mg/L，出现在 1999 年，从 2009 年开始，硅酸盐含量迅速降低并出现了最低值，为 20.12 mg/L，之后保持在较低的含量水平；秋季，表层海水硅酸盐含量普遍高于春季，在整体上也呈下降趋势，在 2003 年达到最高值 91.01 mg/L，之后迅速降低，在 2010 年仅为 30.42 mg/L（表 6.1）。

表 6.1　长江口及邻近海域表层海水化学要素年际变化情况　　单位：mg/L

| | 参数 | 1999 年 | 2001 年 | 2004 年 | 2007 年 | 2009 年 | 2010 年 | 2011 年 | 2012 年 | | |
|---|---|---|---|---|---|---|---|---|---|---|---|
| 春季 | DO | 9.25[CD] | 6.09[A] | 6.14[A] | 8.32[BC] | 8.83[BCD] | 9.82[D] | 8.27[B] | 9.15[BCD] | | |
| | COD | 2.09[BC] | 1.99[BC] | 1.88[B] | 1.62[AB] | 2.42[CD] | 2.58[D] | 1.32[A] | 1.94[B] | | |
| | NO₃-N | 39.89[A] | 36.39[A] | 38.19[A] | 41.48[A] | 41.25[A] | 32.02[A] | 31.45[A] | 45.48[A] | | |
| | PO₄-P | 0.35[A] | 0.69[B] | 0.65[B] | 0.33[A] | 0.46[AB] | 0.53[AB] | 0.68[B] | 0.62[AB] | | |
| | SiO₃-Si | 57.51[D] | 51.57[CD] | 38.67[BCD] | 51.62[CD] | 20.12[A] | 22.20[AB] | 20.74[A] | 27.76[ABC] | | |

续表

| 参数 | | 1998 年 | 2000 年 | 2002 年 | 2003 年 | 2004 年 | 2007 年 | 2009 年 | 2010 年 | 2011 年 | 2012 年 |
|---|---|---|---|---|---|---|---|---|---|---|---|
| 秋季 | DO | $8.50^C$ | $6.95^{ABC}$ | $5.53^A$ | $5.70^A$ | $8.37^C$ | $6.43^A$ | $8.29^C$ | $7.85^{BC}$ | $7.61^B$ | $8.01^{BC}$ |
| | COD | $2.37^A$ | $1.66^A$ | $1.43^A$ | $1.59^A$ | $1.23^A$ | $1.68^A$ | $1.93^A$ | $1.78^A$ | $1.86^A$ | $1.56^A$ |
| | $NO_3$-N | $28.21^{AB}$ | $38.23^B$ | $17.67^A$ | $36.26^B$ | $32.33^{AB}$ | $37.72^{AB}$ | $37.76^{AB}$ | $25.21^{AB}$ | $43.10^{AB}$ | $33.3^{AB}$ |
| | $PO_4$-P | $0.37^A$ | $0.73^{BC}$ | $0.93^D$ | $0.64^B$ | $0.66^B$ | $0.66^B$ | $0.68^B$ | $0.69^B$ | $1.07^{CD}$ | $0.87^B$ |
| | $SiO_3$-Si | $46.52^{AB}$ | $80.65^{CD}$ | $50.68^{ABC}$ | $91.01^D$ | $69.91^{BC}$ | $41.69^{AB}$ | $31.59^A$ | $30.42^A$ | $35.98^A$ | $35.5^A$ |

注：数值代表平均值，上标不同代表数值之间存在显著性差异。

## 6.2　三峡工程蓄水前后变化特征

从表 6.2 可以看出，2008 年后长江口水域表层海水 DO 含量显著高于 2007 年前；表层海水 COD 处于波动状态，蓄水后 2003—2007 年长江口水域表层海水 COD 含量最低，但秋季未达到显著性水平；2008 年后长江口水域表层海水 $SiO_3$-Si 含量下降，显著低于 2007 年前；长江口水域春季和秋季表层海水 $PO_4$-P 含量在三峡建设不同时期差异不显著，$NO_3$-N 含量亦没有出现显著变异。

**表 6.2　三峡工程建设不同时期长江口水化学要素变化**　　　　　单位：mg/L

| 参数 | 春季 | | | 秋季 | | |
|---|---|---|---|---|---|---|
| | 1998—2002 年 | 2003—2007 年 | 2008—2012 年 | 1998—2002 年 | 2003—2007 年 | 2008—2012 年 |
| DO | $7.69^A$ | $7.26^A$ | $8.98^B$ | $6.94^A$ | $6.86^A$ | $7.93^B$ |
| COD | $2.04^{AB}$ | $1.74^A$ | $2.12^B$ | $1.80^A$ | $1.51^A$ | $1.86^A$ |
| $SiO_3$-Si | $54.58^A$ | $45.32^A$ | $21.01^B$ | $58.83^A$ | $66.43^A$ | $32.65^B$ |
| $PO_4$-P | $0.519^A$ | $0.488^A$ | $0.573^A$ | $0.681^A$ | $0.654^A$ | $0.810^A$ |
| $NO_3$-N | $38.2^A$ | $39.9^A$ | $37.7^A$ | $27.6^A$ | $35.4^A$ | $35.4^A$ |

注：数值代表平均值，上标不同代表数值之间存在显著性差异。

## 6.3　影响因素

为考察长江口水域环境要素与长江径流、输沙之间的相关关系，明确调查海域各区域内环境因子与径流、输沙等陆源输入相关关系的强弱，并排除径流、输沙之间相关性的干扰，将各站位环境因子与径流、输沙分别作偏相关分析（Partial Correlations），并将各站位各环境因子与径流、输沙的偏相关性系数做等值线图，相关系数绝对值大于 0.4 的等值线用实线标出，正相关区域用黄色表示，负相关区域用蓝色表示。

春季调查海域表层海水溶解氧含量与径流在大部分区域呈现正相关，相关性较强的区域主要分布在调查海域中部及外围，同时，表层海水溶解氧含量与输沙之间的相关系数也同样在调查海域近海部分区域具有较明显的负相关关系，并在口门内小部分区域具有一定的正相关性。与春季情况有所不同，秋季表层海水溶解氧含量与径流在大部分调查海域相关性并不明显，只在东南部海域内出现较明显的正相关关系，而溶解氧含量与10月大通站输沙呈较明显的负相关关系，且相关性较高的区域主要集中在调查海域南部（图6.1）。

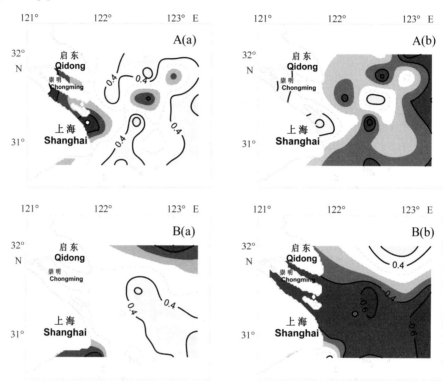

图6.1　长江口及邻近海域春季（A）、秋季（B）表层海水溶解氧含量与
径流（a）、输沙（b）相关性分布情况

　　春季，调查海域表层海水化学需氧量与径流相关性比较高的区域主要集中在中部及东部，且均为正相关关系，在口门内区域两者存在不明显的负相关关系。秋季，化学需氧量与径流在调查海域既存在正相关关系又存在负相关关系，正相关主要出现在调查海域中部及东南部，而负相关关系主要存在于口门内及东北部，但相关关系都不明显（图6.2）。

　　春季，表层海水硅酸盐含量与径流量在调查海域大部分区域呈现负相关关系，其中相关系数绝对值大于0.4的区域主要分布在122°10′E以东的水域，而在长江北支入海处有一定的正相关关系；硅酸盐与春季输沙量之间也存在负相关关系，但相关性较高的区域主要集中在122°20′E以西的水域，在调查海域东北部有一定的正相关关系。秋季，调查海域表层海水硅酸盐含量与10月长江径流、输沙之间呈相反的相关关系格局，硅

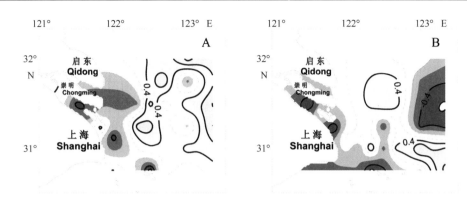

图 6.2　长江口及邻近海域春季（A）、秋季（B）表层海水 COD 与
径流相关性分布情况

酸盐与径流在调查海域中北部呈较强的正相关关系，在口门内及东北部区域有负相关关系，但相关性并不高，而硅酸盐与输沙之间在调查海域中北部呈较强的负相关关系，在口门内及东部小部分区域有较弱的正相关（图 6.3）。

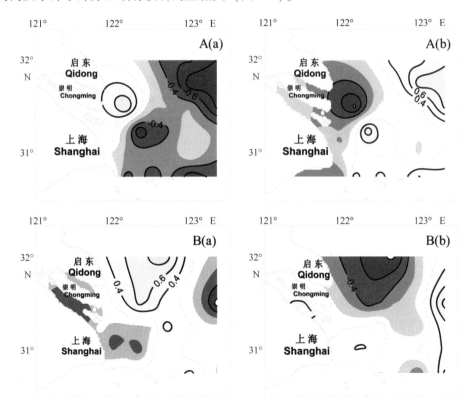

图 6.3　长江口及邻近海域春季（A）、秋季（B）表层海水硅酸盐含量与
径流（a）、输沙（b）相关性分布情况

　　春季，在调查海域的大部分区域，表层海水硝酸盐含量都与长江口4月径流之间存在负相关关系，其中在调查海域中部的狭长区域，负相关关系较强，而在长江冲淡水入海处，两者呈现较显著的正相关关系；表层海水硝酸盐含量与输沙在调查海域大部分区域呈负相关关系，尤其是长江冲淡水入海口处。秋季，在调查海域中，硝酸盐含量与径流在大部分区域存在正相关关系，在调查海域中部正相关关系比较强，而硝酸盐含量与输沙之间的相关系数分布恰好相反，在大部分区域存在负相关关系，而负相关关系较强的海域也是在中部（图6.4）。

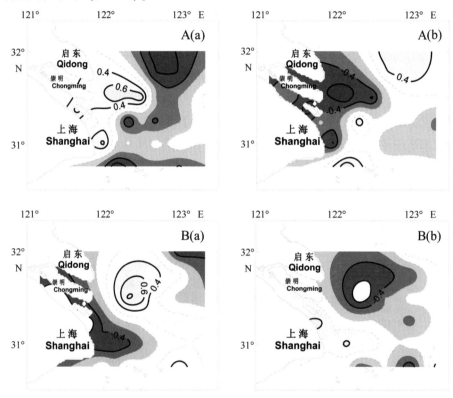

图6.4　长江口及邻近海域春季（A）、秋季（B）表层海水硝酸盐含量与
径流（a）、输沙（b）相关性分布情况

　　春季，调查海域内大部分区域表层海水磷酸盐含量均与径流之间存在较强的负相关关系，在靠近河口处有一定的正相关性；磷酸盐含量与长江输沙之间在调查海域中部的大部分区域内存在较强的正相关关系，在近河口及近外海处负相关性比较强。秋季，磷酸盐含量与径流在调查海域的大部分区域有较强的负相关关系；而磷酸盐含量与输沙在调查海域大部分区域均呈正相关，在西南部小部分区域负相关关系较强（图6.5）。

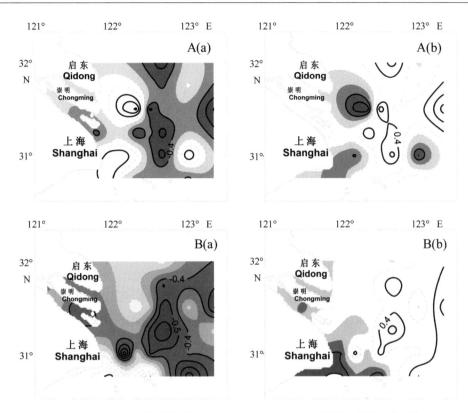

图 6.5 长江口及邻近海域春季（A）、秋季（B）表层海水磷酸盐含量与
径流（a）、输沙（b）相关性分布情况

## 6.4 与原预测的对比

（1）20 世纪 80 年代预测指出，由于三峡工程兴建将影响悬浮体对 COD 的吸附沉降，从而可能增加 COD 对水质的污染程度。

实际监测结果显示，三峡工程蓄水后 COD 变化复杂，没有出现单纯的增加趋势，这与原预测结果不完全一致。

（2）原预测径流与营养盐要素间的关系，指出：流量增加，营养盐的输出量也增加，河口区高浓度区扩大。

将实测营养盐数据与长江径流和泥沙通量作相关分析，结果显示各营养盐要素与入海通量线性相关性均未达到显著水平（$P>0.05$）。从以上营养盐要素与入海径流、泥沙间的关系分析可以看出，长江入海通量与营养盐关系复杂，这与报告书中的预测不完全一致。

## 6.5　小结

　　长江口水域表层海水溶解氧含量具有明显的时空变化特征。春季，溶解氧在 2004 年最低，在 2010 年达到最大，之后虽有所降低但仍保持较高水平；秋季，调查海域表层海水溶解氧含量低于春季，秋季 DO 含量最高的年份是 1998 年，2002 年秋季 DO 含量最低。

　　长江口水域表层海水 COD 具有明显的年际变化特征。春季，调查海域表层海水 COD 年际间差异显著，COD 最高值出现在年径流量最高的 2010 年，COD 最低值出现在年径流量最低的 2011 年，只有 1.32 mg/L；秋季，调查海域 COD 普遍低于春季，秋季 COD 在年际间也存在波动现象，但年际间差异并不显著。

　　春季，表层海水硝酸盐含量年际间波动性较小，并无显著变化趋势；秋季，硝酸盐含量在 2003 年后略有上升。

　　春季，调查海域表层海水磷酸盐含量呈波动状态，其中磷酸盐平均含量最高的年份是 2001 年，含量最低值出现在 2007 年；秋季，磷酸盐含量最高值出现在 2011 年，为 1.07 mg/L，最低值出现在 1998 年，为 0.37 mg/L，年际间磷酸盐含量差异性显著。

　　春季，调查海域表层海水硅酸盐含量整体呈现下降趋势，最高值为 57.51 mg/L，出现在 1999 年，从 2009 年开始，硅酸盐含量迅速降低并出现了最低值，为 20.12 mg/L，之后保持在较低的含量水平；秋季，表层海水硅酸盐含量普遍高于春季，在整体上也呈下降趋势，在 2003 年达到最高值 91.01 mg/L，之后迅速降低，在 2010 年仅为 30.42 mg/L。

　　三峡工程蓄水后 COD 变化复杂，没有出现单纯的增加趋势，这与原预测结果不完全一致。将实测营养盐数据与长江径流和泥沙通量作相关分析，结果显示各营养盐要素与入海通量线性相关性均未达到显著水平（$P > 0.05$）。从以上营养盐要素与入海径流、泥沙间的关系分析可以看出，长江入海通量与营养盐关系复杂，这与报告书中的预测不完全一致。

# 7 长江口沉积环境

## 7.1 长期变化特征

春季，长江口水域表层海水悬浮颗粒物（SPM）含量在 2001 年最高，达到 170.16 mg/L，最低值出现在 1999 年，只有 21.97 mg/L，相互之间差距较大，在径流量相近的年份（2001 年、2004 年、2009 年），2004 年悬浮颗粒物含量较 2001 年迅速降低以后，2009 年虽然又有所回升，但含量远不及 2001 年；秋季，SPM 最高值出现在 2007 年，为 134.31 mg/L，最低值出现在 2004 年，只有 23.50 mg/L，在径流相近年份（2000 年、2003 年及 2010 年）中，与 2000 年相比，秋季调查海域 SPM 含量在 2003 年短暂上升以后迅速下降，到 2010 年调查海域平均 SPM 含量只有 26.8 mg/L，下降幅度达到 58.2%（表 7.1）。

春季，调查海域表层海水 SPM 的分布情况如图 7.1 所示，从图中可以看出，SPM 的高值中心并不完全在口门内，而是在 121°50′—122°20′ E 之间形成 SPM 的高值区，称为最大浑浊带。在 1999 年和 2001 年春季，SPM 高值区主要位于长江南支入海处，说明长江冲淡水所携带的陆源物质是调查海域表层悬浮颗粒物的重要物质来源。2004 年开始，SPM 高值中心开始向西南方向移动。这种现象在年径流量相近年份中表现得尤为显著。2001 年 5 月，表层悬浮颗粒物含量超过 100 mg/L 的高值区主要分布在 122°20′E 以西、31°40′N 以南的河口及近岸海域，表现为自海向陆逐渐升高的趋势，其中位于长江南支入海处有一明显的高值中心区，显示出长江口输入水体所携带的陆源物质是调查海域表层悬浮颗粒物的重要物质来源。2004 年 5 月，表层悬浮颗粒物含量超过 100 mg/L 的高值区主要分布在 122°20′ E 以西、31°15′N 以南，其中高值中心开始向西南方向移动，相对于 2001 年 5 月，2004 年 5 月调查海域表层悬浮颗粒物含量总体显著下降，高值区面积及含量值都有较大幅度的降低。2009 年 5 月，表层悬浮颗粒物含量超过 100 mg/L 的高值区主要分布在 122°15′E 以西、31°10′N 以南，高值中心进一步向西南方向杭州湾口靠拢，与 2001 年 5 月相比调查海域表层悬浮颗粒物含量显著下降。

与春季相同，秋季 SPM 高值区同样位于 121°50′—122°20′ E，即最大浑浊带位置（图 7.2），而在外海附近 SPM 分布较低，说明透明度较高。调查海域表层海水的 SPM 含量分布情况存在差异，主要体现在大部分年份中，SPM 高值中心位于长江冲淡水南支入海处及附近，而在 2000 年位于北支附近，另外，高值中心整体也呈现出逐渐向西南方向靠近的趋势。在年径流量相近的三个年份中，2000 年 11 月，表层悬浮颗粒物含量超过 100 mg/L 的高值区主要分布在调查海域的西北部，其中位于长江北支入海处有一明显的高值中心区，悬浮颗粒物含量超过 250 mg/L；2003 年 11 月，表层悬浮颗粒物含量超过 100 mg/L 的高值区主要分布在 122°17′E 以西的海域，与 2000 年相比，高值区中心（大于 250 mg/L）开始向西南方向移动；2010 年 11 月，高值区中心（大于 250 mg/L）进一步向西南方向杭州湾口靠拢。

**表 7.1　长江口及邻近海域表层海水悬浮颗粒物（SPM）年际变化情况**

单位：mg/L

| 参数 | 1999 年 | 2001 年 | 2004 年 | 2007 年 | 2009 年 | 2010 年 | 2011 年 | 2012 年 | | |
|---|---|---|---|---|---|---|---|---|---|---|
| 春季 SPM | 21.97 | 170.16 | 50.24 | 39.17 | 96.88 | 67.13 | 123.55 | 115.76 | | |
| 参数 | 1998 年 | 2000 年 | 2002 年 | 2003 年 | 2004 年 | 2007 年 | 2009 年 | 2010 年 | 2011 年 | 2012 年 |
| 秋季 SPM | 103.61 | 64.13 | 118.54 | 83.78 | 23.50 | 134.31 | 52.84 | 26.81 | 42.79 | 181.74 |

## 7.2　三峡工程蓄水前后变化特征

长江口春季水体悬浮颗粒物含量在三峡建设不同阶段变异不显著，秋季在 2008 年后显著降低，长江入海泥沙减少直接带来河口秋季悬浮颗粒物含量降低（表 7.2）。

**表 7.2　三峡工程蓄水前后长江口及邻近海域表层海水悬浮颗粒物含量变化**

单位：mg/L

| 参数 | 春季 | | | 秋季 | | |
|---|---|---|---|---|---|---|
| | 1998—2002 年 | 2003—2007 年 | 2008—2012 年 | 1998—2002 年 | 2003—2007 年 | 2008—2012 年 |
| 悬浮颗粒物 | 94.99[A] | 44.56[A] | 95.61[A] | 96.39[A] | 80.44[AB] | 40.99[B] |

注：数值代表平均值，上标不同代表数值之间存在显著性差异。

## 7.3　影响因素

长江口春季和秋季表层悬浮颗粒物与入海泥沙量的相关关系未达到显著水平（$P>0.05$），但分区分析结果显示长江口外海悬浮颗粒物含量与入海泥沙量存在显著的指数相关关系（$P<0.01$），说明长江输沙量直接影响长江口外海物质输运。

春季，长江口表层悬浮颗粒物（SPM）与径流在北部海域呈负相关，但相关关系并不明显，在调查海域南部一侧两者有较显著的正相关关系，SPM 与长江输沙量之间的相关关系也呈现相似的格局，两者在长江口及邻近海域南部存在较强的正相关关系。与春季不同，在秋季，SPM 与径流在调查海域的大部分区域有负相关关系，并且在中北部及东南部区域较强，而 SPM 与输沙量之间在调查海域北部有较明显的正相关，其他大部分海域存在较弱的负相关关系（图 7.3）。

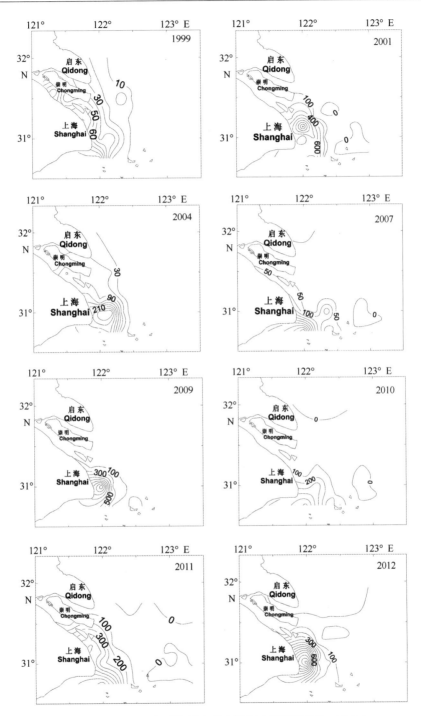

图 7.1  长江口及邻近海域春季表层海水悬浮颗粒物（SPM）
含量年际间分布情况（单位：mg/L）

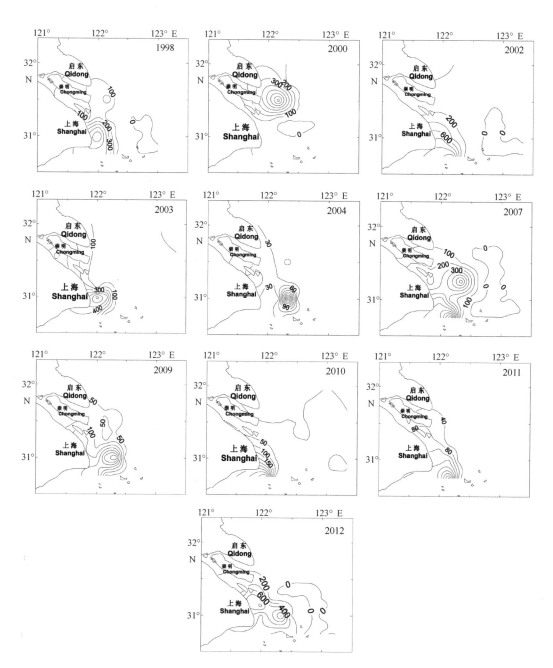

图 7.2　长江口及邻近海域秋季表层海水悬浮颗粒物（SPM）含量年际间分布情况（单位：mg/L）

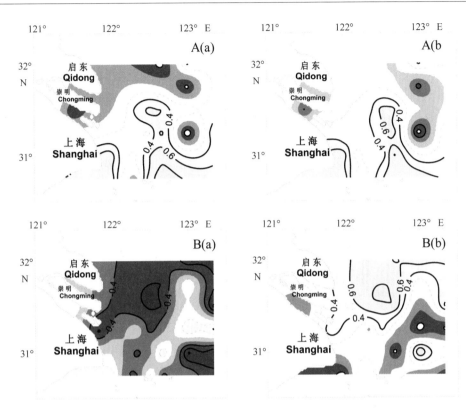

图 7.3  长江口及邻近海域春季（A）、秋季（B）表层海水 SPM 含量与
径流（a）、输沙（b）相关性分布情况

## 7.4  与原预测的对比

1）沉积环境

20 世纪 80 年代预测，三峡水库建成后将有大量泥沙沉积于库内，特别是建坝初期，导致下泄水中悬浮颗粒物含量大量减少，将导致沉积环境的变化。

实际监测数据分析显示，三峡水库建成后长江径流含沙量降低，年径流量变化不大的情况下输沙量减少，带来河口秋季水体悬浮颗粒物含量降低，导致沉积环境改变，与预测完全一致。

2）表层沉积物

原预测提出，入海悬沙量的减少将带来沉积物粒度变粗，沉积速率改变，进而导致高速沉积区范围缩小。

长江口 2007 年表层沉积物实测数据分析显示，长江口及其邻近海域表层沉积物类型以细砂和粉砂为主，黏土分布范围较小（图 7.4）。

表 7.3 显示了长江口不同区域表层沉积物粒度特征。可以看出，最大浑浊带和东南

外海表层沉积物以粉砂的比例最高，而北部外海表层沉积物中细砂比例最高。

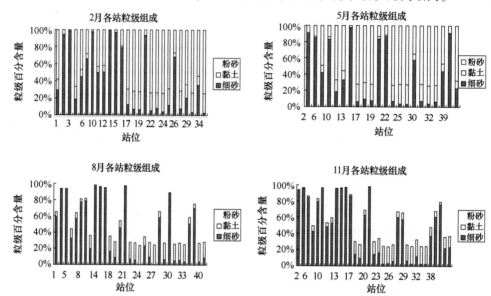

图 7.4　2007 年长江口表层沉积物粒度分布

图 7.5 显示了长江口表层沉积物组分空间分布情况。可以看出，黏土高分布区（含量比例超过 20%）主要位于长江口南部水域，不同季节其位置和范围有所变化：2月黏土高分布区向东北方向有一狭长延伸，5 月高分布区范围最大，8 月其位置向南部水域推移，11 月高分布区范围缩小。细砂主要分布在东北偏北部水域，不同季节其分布趋势不同：2 月出现两块高分布区，分别在口门附近水域和东北部水域，含量超过65%；5 月细砂含量最低，口门附近水域、东部外侧和北部外侧水域细砂含量超过40%；8 月在东北部水域出现细砂含量超 80% 的高分布区；11 月细砂高分布区范围向近岸水域扩展。

表 7.3　长江口不同海域表层沉积物粒度特征

| 海域 | 细砂 | 粉砂 | 黏土 |
| --- | --- | --- | --- |
| 最大浑浊带 | 19.3% | 63.5% | 17.2% |
| 东南外海 | 29.2% | 55.8% | 15.0% |
| 北部海域 | 69.3% | 25.5% | 5.2% |

与 20 世纪 80 年代相比，长江口表层沉积物细颗粒泥沙分布范围略向南部偏移，而颗粒较粗的泥沙由东北部向西迁移，更靠近近岸水域，口门附近水域出现小的高分布区，这与原预测部分一致。与 20 世纪 80 年代相比，粒度组成变化不显著，沉积粗化现象目前未见。

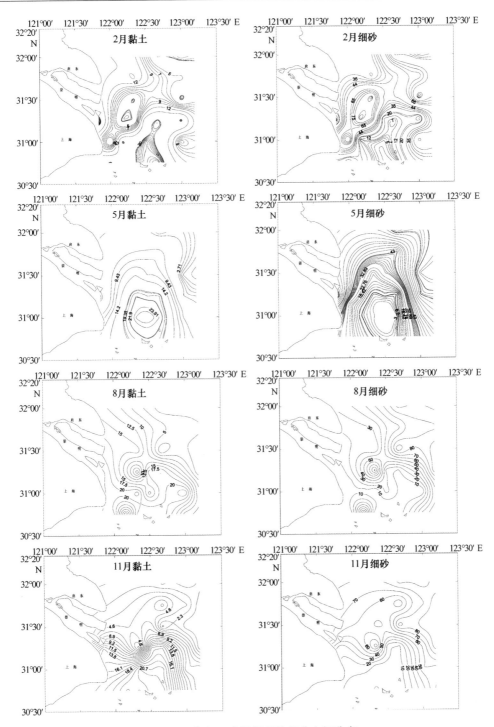

图 7.5 长江口表层沉积物组分空间分布

## 7.5　小结

　　春季，长江口水域表层海水悬浮颗粒物（SPM）含量在 2001 年最高，达到 170.16 mg/L，最低值出现在 1999 年，只有 21.97 mg/L，相互之间差距较大，在径流量相近的年份（2001 年、2004 年、2009 年），2004 年悬浮颗粒物含量较 2001 年迅速降低以后，2009 年虽然又有所回升，但含量远不及 2001 年；秋季，SPM 最高值出现在 2007 年，为 134.31 mg/L，最低值出现在 2004 年，只有 23.50 mg/L，在径流相近年份（2000 年、2003 年及 2010 年）中，与 2000 年相比，秋季调查海域 SPM 含量在 2003 年短暂上升以后迅速下降，到 2010 年调查海域平均 SPM 含量只有 26.8 mg/L，下降幅度达到 58.2%。

　　长江口春季水体悬浮颗粒物含量在三峡建设不同阶段变异不显著，秋季在 2008 年后显著降低。长江入海泥沙减少直接带来河口秋季悬浮颗粒物含量降低。

　　长江口春季和秋季表层悬浮颗粒物与入海泥沙量的相关关系未达到显著水平（$P>0.05$），但分区分析结果显示长江口外海悬浮颗粒物含量与入海泥沙存在显著的指数相关关系（$P<0.01$），这说明长江输沙量直接影响长江口外海物质输运。

　　三峡水库建成后长江径流含沙量降低，年径流量变化不大的情况下输沙量减少，带来河口秋季水体悬浮颗粒物含量降低，导致沉积环境改变，与原预测结论一致。长江口表层沉积物细颗粒泥沙分布范围略向南部偏移，而颗粒较粗的泥沙由东北部向西迁移，更靠近近岸水域，口门附近水域出现小的高分布区，这与原预测部分一致。与 20 世纪 80 年代相比，粒度组成变化不显著，目前未见沉积粗化现象。

# 8 初级生产

## 8.1 长期变化特征

在春季，长江口水域表层海水叶绿素 a 含量年际间具有显著的差异性，其中，2012 年最低，为 0.69 mg/m³，2010 年最高，为 8.69 mg/m³。秋季，叶绿素 a 含量普遍低于春季，最低值出现在 2002 年，为 0.26 mg/m³，2003 年最高，为 2.01 mg/m³（表 8.1）。

长江口及邻近海域春季表层海水叶绿素 a 含量分布情况如图 8.1 所示，叶绿素 a 含量高值区并不位于长江口门内，而大多位于调查海域东部偏外海部分海域，123° E 附近海域通常出现浮游植物密集区。2001 年春季，全调查海域表层海水叶绿素 a 平均含量为 1.91 mg/m³，叶绿素 a 含量大于 2.0 mg/m³ 的高值区出现在调查海域中部，向东、西两侧其含量均迅速减少；2004 年春季，叶绿素 a 含量大大增加，调查海域表层叶绿素 a 平均含量为 2.79 mg/m³，叶绿素 a 含量大于 2.0 mg/m³ 的高值区主要分布于 31°20′N 以北的中部海域；2009 年春季，长江口表层海水叶绿素 a 平均含量为 1.67 mg/m³，其中，高值区同样分布在中部的狭长水域中，叶绿素 a 含量的最高值为 8.50 mg/m³，东、西两侧叶绿素 a 含量迅速降低，最低值为 0.10 mg/m³。

与春季相比，调查海域秋季叶绿素 a 含量明显降低，叶绿素 a 的高值区同样在调查海域中部靠近外海部分，在有的年份高值区甚至出现在东南侧海域。2000 年秋季，全调查海域表层叶绿素 a 含量平均值为 1.23 mg/m³，高值区也主要存在于中东部海域，但含量值大于 2 mg/m³ 的海域面积大大减少，而且叶绿素 a 最高值也有所降低，为 3.87 mg/m³，最低值仅有 0.01 mg/m³；2003 年秋季，表层叶绿素 a 平均含量为 2.01 mg/m³，高值区的分布范围有所增加，最高值为 13.96 mg/m³，最低值为 0.47 mg/m³；2010 年秋季，长江口及邻近海域表层海水叶绿素 a 含量大幅降低，平均含量为 0.54 mg/m³，最高值只有 3.18 mg/m³，最低值未检出（图 8.2）。

表 8.1　长江口及邻近海域表层海水叶绿素 a 年际变化　　　　单位：mg/m³

| 参数 | 1999 年 | 2001 年 | 2004 年 | 2007 年 | 2009 年 | 2010 年 | 2011 年 | 2012 年 | | |
|---|---|---|---|---|---|---|---|---|---|---|
| 春季叶绿素 a | 1.91$^{BC}$ | 1.91$^{BC}$ | 2.79$^{ABC}$ | 1.01$^{B}$ | 1.67$^{ABC}$ | 8.69$^{C}$ | 1.22$^{AB}$ | 0.69$^{A}$ | | |
| 参数 | 1998 年 | 2000 年 | 2002 年 | 2003 年 | 2004 年 | 2007 年 | 2009 年 | 2010 年 | 2011 年 | 2012 年 |
| 秋季叶绿素 a | 1.38$^{C}$ | 1.23$^{C}$ | 0.26$^{A}$ | 2.01$^{D}$ | 0.95$^{BC}$ | 0.61$^{AB}$ | 0.43$^{AB}$ | 0.54$^{AB}$ | 0.42$^{AB}$ | 0.22$^{A}$ |

注：数值代表平均值，上标不同代表数值之间存在显著性差异。

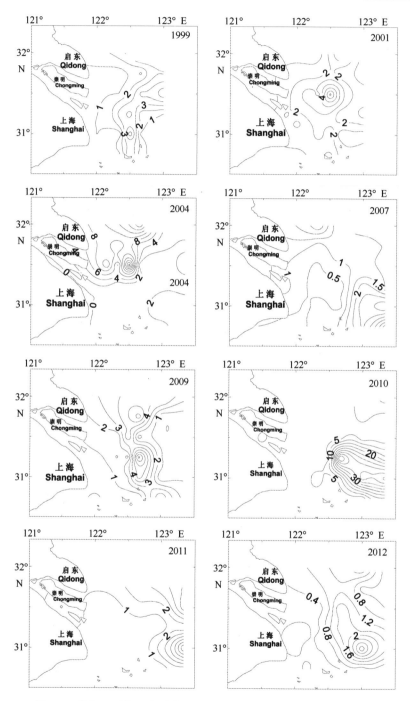

图8.1　长江口及邻近海域春季叶绿素 a 空间分布（单位：mg/m³）

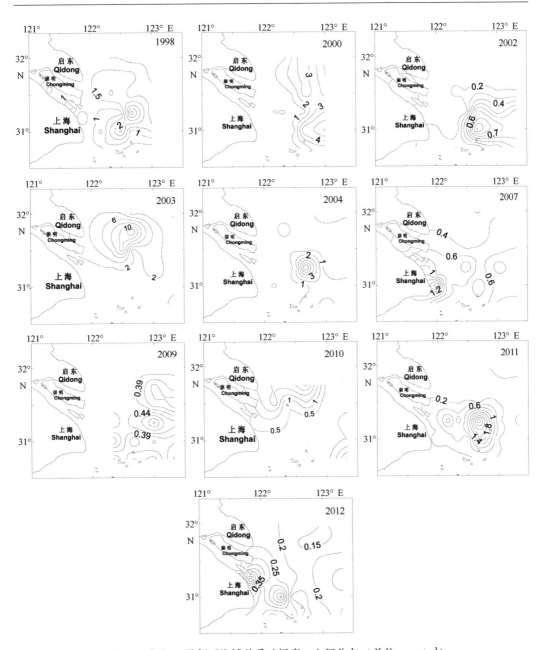

图8.2 长江口及邻近海域秋季叶绿素 a 空间分布（单位：mg/m³）

## 8.2 三峡工程蓄水前后变化特征

长江口水域春季表层海水叶绿素 a 含量在三峡建设不同阶段显著变异，并呈波动态势，与1998—2002年相比，2003—2007年显著降低，2008—2012年迅速回升；秋季叶绿素a变化与春季刚好相反，2003—2007年显著高于蓄水前，而2008—2012年表层海水叶绿素a含量显著回落（表8.2）。

表8.2　三峡工程蓄水前后长江口及邻近海域叶绿素a变化　　单位：mg/m³

| 参数 | 春季 | | | 秋季 | | |
|---|---|---|---|---|---|---|
| | 1998—2002年 | 2003—2007年 | 2008—2012年 | 1998—2002年 | 2003—2007年 | 2008—2012年 |
| 叶绿素a | 1.91ᴬ | 1.86ᴮ | 3.94ᴬ | 0.936ᴬ | 1.162ᴮ | 0.467ᶜ |

注：数值代表平均值，上标不同代表数值之间存在显著性差异。

## 8.3　影响因素

春季，调查海域表层叶绿素a含量与径流在大部分区域呈正相关关系，且相关性较强的海域主要集中在南部及东部等径流量较大的区域，而叶绿素a含量与4月长江输沙之间的相关关系比较复杂，在长江口口门内及南部海域存在较强的负相关关系，而在东北部海域正相关关系比较强。秋季，叶绿素a与径流、输沙之间的相关关系并不明显（图8.3）。

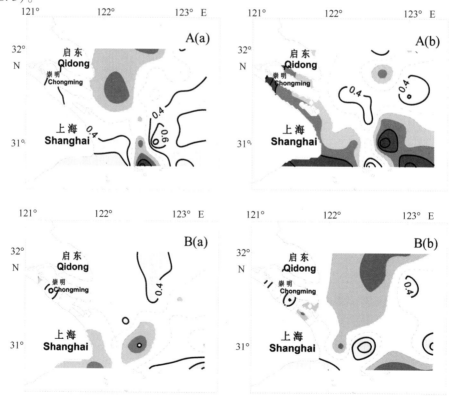

图8.3　长江口及邻近海域春季（A）、秋季（B）表层海水叶绿素a含量与径流（a）、输沙（b）的相关性

从空间分布情况可以看出，表层叶绿素 a 的高值区主要分布在调查海域中部表层海水盐度为 15 的附近海域，在这一海域内海水的透明度比长江口门内要高，并且富含充足的营养物质，为浮游植物生长繁殖创造了良好的条件。在长江口门处，虽然营养盐含量很高，但大量的悬浮物质降低了海水的透明度，限制了浮游植物的光合作用。长江口叶绿素 a 含量受到光照、营养盐、流系特征、海水垂直混合以及浮游动物摄食等因素的影响和制约。

## 8.4　与原预测的对比

20 世纪 80 年代预测指出，5—9 月流量变化不大，对初级生产力影响不大；但 10 月蓄水，减少了流量，河口盐度有所升高，限制了初级生产。

以上数据分析显示，长江入海径流和泥沙对初级生产的限制作用主要发生在春季，而秋季初级生产与径流和泥沙的关系较弱，这与原预测部分一致。

## 8.5　小结

春季，长江口水域表层海水叶绿素 a 年际间具有显著的差异性，其中，2012 年最低，为 0.69 mg/m³，2010 年最高，为 8.69 mg/m³。秋季，叶绿素 a 含量普遍低于春季，最低值出现在 2002 年，为 0.26 mg/m³，2003 年最高，为 2.01 mg/m³。

长江口春季表层海水叶绿素 a 含量在三峡建设不同阶段显著变异，并呈波动态势，与 1998—2002 年相比，2003—2007 年显著降低，2008—2012 年迅速回升；秋季叶绿素 a 变化与春季刚好相反，2003—2007 年显著高于蓄水前，而 2008—2012 年水体叶绿素 a 含量显著回落。

春季，调查海域表层海水叶绿素 a 含量与径流在大部分区域呈正相关关系，且相关性较强的海域主要集中在南部及东部等径流量较大的区域，而叶绿素 a 含量与 4 月长江输沙之间的相关关系比较复杂，在长江口口门内及南部海域存在较强的负相关关系，而在东北部海域正相关关系比较强。秋季，叶绿素 a 与径流、输沙之间的相关关系并不明显。长江入海径流和泥沙对初级生产的限制作用主要发生在春季，而秋季初级生产与径流和泥沙的关系较弱，与原预测部分一致。

# 9  鱼类浮游生物

鱼类浮游生物是河口生态系统的重要组成部分，因为在海洋生态系统中，鱼卵、仔稚鱼是主要的被捕食者，仔稚鱼又是次级生产力的重要消费者，而且作为鱼类的补充资源，对鱼类种群的生存与延续、资源补充以及保持生态平衡都具有重要意义。长江径流带来的大量营养物质，维持了长江口生态系统的巨大生产力，孕育了丰富的饵料资源，使之成为许多重要经济鱼类的产卵场、索饵场、育幼场和洄游通道。鱼类浮游生物（鱼卵和仔稚鱼）作为鱼类资源的补充群体，其生物群聚特征直接影响海洋鱼类资源状况。并且，鱼类浮游生物对环境敏感，对河口环境变化能够作出相对迅速的响应。

20 世纪 80 年代预测指出，三峡工程建设带来的长江入海径流改变会直接或间接地影响鱼卵、仔鱼的种类组成及其数量分布，在一定程度上，将会影响特定水域某些鱼类的繁殖发育，进而引起种类组成和产卵场发生一定的变化。

## 9.1  春季长江口鱼类浮游生物群落特征

### 9.1.1  种类组成

1998—2012 年 8 个航次共获得鱼卵 22 628 粒，仔稚鱼 14 230 尾，隶属 11 目 21 科 37 种，其中以鲈形目和鲱形目种类最多（表 9.1）。

表 9.1  长江口春季鱼类浮游生物名录

| 种类 | 拉丁名 | 生态类型 | 年份 | | | | | | | |
|------|--------|----------|------|------|------|------|------|------|------|------|
| | | | 1999 | 2001 | 2004 | 2007 | 2009 | 2010 | 2011 | 2012 |
| **鳀科** | **Engraulidae** | | | | | | | | | |
| 鳀 | *Engraulis japonicus* | 近海 | * | * | * | * | * | * | * | * |
| 凤鲚 | *Coilia mystus* | 半咸水 | * | * | * | * | * | * | * | * |
| 康氏小公鱼 | *Stolephorus commersonnii* | 沿岸 | | * | * | * | | * | * | * |
| 黄鲫 | *Setipinna taty* | 沿岸 | | * | | | | | | |
| 赤鼻棱鳀 | *Thrissa kammalensis* | 沿岸 | | * | | | * | * | | * |
| 中颌棱鳀 | *Thrissa mystax* | 沿岸 | | | | | * | | | |
| 青带小公鱼 | *Encrasicholina punctifer* | 沿岸 | | * | | | | | | |
| **虾虎鱼科** | **Gobiidae** | | | | | | | | | |

续表

| 种类 | 拉丁名 | 生态类型 | 年份 | | | | | | | |
|------|--------|----------|------|------|------|------|------|------|------|------|
| | | | 1999 | 2001 | 2004 | 2007 | 2009 | 2010 | 2011 | 2012 |
| 六丝矛尾鰕虎鱼 | *Amblychaeturichthys hexanema* | 半咸水 | * | * | * | * | | | | |
| 矛尾复鰕虎鱼 | *Acanthogobius hasta* | 半咸水 | | * | | | | | | |
| 矛尾鰕虎鱼 | *Chaeturichthys stigmatias* | 半咸水 | | * | * | | * | | | |
| 红狼牙鰕虎鱼 | *Odontamblyopus rubicundus* | 半咸水 | | * | | | | | | |
| 鰕虎鱼科（未定种） | Gobiidae gen. et sp. indet. | 半咸水 | | * | | * | | | | |
| **石首鱼科** | **Sciaenidae** | | | | | | | | | |
| 石首鱼科（未定种） | Sciaenidae gen. et sp. indet. | 沿岸 | | * | | | | | | |
| 皮氏叫姑鱼 | *Johnius belangerii* | 沿岸 | | * | | | | | | |
| 棘头梅童鱼 | *Collichthys lucidus* | 沿岸 | | | * | | | | | |
| 小黄鱼 | *Larimichthys polyactis* | 沿岸 | * | * | * | * | * | * | * | * |
| **天竺鲷科** | **Apogonidae** | | | | | | | | | |
| 细条天竺鱼 | *Jaydia lineata* | 近海 | | | * | * | | | | |
| **鲳科** | **Stromateidae** | | | | | | | | | |
| 银鲳 | *Pampus argenteus* | 沿岸 | * | * | | * | * | | | |
| **鲭科** | **Scombridae** | | | | | | | | | |
| 鲐 | *Scomber japonicus* | 近海 | * | * | | | | | * | |
| **鲹科** | **Carangidae** | | | | | | | | | |
| 竹荚鱼 | *Trachurus japonicus* | 近海 | | | | * | | | | |
| **锦鳚科** | **Pholidae** | | | | | | | | | |
| 方式云鳚 | *Pholis nebulosa* | 沿岸 | | | * | | | | | |
| **鲷科** | **Sparidae** | | * | | | | | | | |
| 鲷科（未定种） | Sparidae gen. et sp. indet. | 近海 | * | | | | | | | |
| **银汉鱼科** | **Atherinidae** | | | | | | | | | |
| 白氏银汉鱼 | *Hypoatherina valenciennei* | 沿岸 | * | * | * | * | * | * | * | * |
| **杜父鱼科** | **Cottidae** | | | | | | | | | |
| 松江鲈 | *Trachidermus fasciatus* | 半咸水 | * | * | * | * | * | * | * | * |
| **鲬科** | **Platycephalidae** | | | | | | | | | |
| 鲬 | *Platycephalus indicus* | 近海 | * | * | | | | | | |
| **鲉科** | **Scorpaenidae** | | | | | | | | | |

续表

| 种类 | 拉丁名 | 生态类型 | 年份 | | | | | | | |
|---|---|---|---|---|---|---|---|---|---|---|
| | | | 1999 | 2001 | 2004 | 2007 | 2009 | 2010 | 2011 | 2012 |
| 褐菖鲉 | *Sebastiscus marmoratus* | 沿岸 | | * | | | * | * | * | * |
| **鲤科** | **Cyprinidae** | | | | | | | | | |
| 寡鳞飘鱼 | *Pseudolaubuca engraulis* | 淡水 | | | * | | | | | |
| 银飘鱼 | *Pseudolaubuca sinensis* | 淡水 | | * | * | | | | | |
| **银鱼科** | **Salangidae** | | | | | | | | | |
| 前颌间银鱼 | *Salanx prognathus* | 半咸水 | * | | * | | | | | |
| 有明银鱼 | *Salanx ariskensis* | 半咸水 | | | | * | | | * | |
| **舌鳎科** | **Cynoglossidae** | | | | | | | | | |
| 焦氏舌鳎 | *Cynoglossus joyneri* | 沿岸 | | * | | | | | | |
| 短吻三线舌鳎 | *Cynoglossus abbreviatus* | 近海 | | * | | | | | | |
| 舌鳎属（未定种） | *Cynoglossus* sp. | 近海 | | * | | | * | | | |
| **牙鲆科** | **Paralichthyidae** | | | | | | | | | |
| 牙鲆 | *Paralichthys olivaceus* | 近海 | | | | | * | | | |
| **灯笼鱼科** | **Myctophidae** | | | | | | | | | |
| 七星底灯鱼 | *Benthosema pterotum* | 近海 | * | * | * | * | | | | |
| **鱵科** | **Hemiramphidae** | | | | | | | | | |
| 日本鱵 | *Hemirhamphus sajori* | 半咸水 | | | | * | | | | |
| **鳗鲡科** | **Anguillidae** | | | | | | | | | |
| 鳗鲡科（未定种） | Anguillidae gen. et sp. indet. | 半咸水 | | * | | | | | | |
| **鲀科** | **Tetraodontidae** | | | | | | | | | |
| 东方鲀属（未定种） | *Takifugu* sp. | 近海 | * | * | | * | * | | | * |
| **龙头鱼科** | **Harpodontidae** | | | | | | | | | |
| 龙头鱼 | *Harpadon nehereus* | 近海 | | | | | * | | | |
| **海龙科** | **Syngnathidae** | | | | | | | | | |
| 尖海龙 | *Syngnathus acus* | 近海 | | | | | * | | * | |
| **烟管鱼科** | **Fistulariidae** | | | | | | | | | |
| 鳞烟管鱼 | *Fistularia petimba* | 近海 | | * | | | | | | |

在 8 个调查年份中出现的鱼类浮游生物种类分别为 13 种、29 种、16 种、16 种、17 种、7 种、11 种、10 种，呈现出先升高，随后又下降的趋势，总体呈下降趋势（图9.1）。

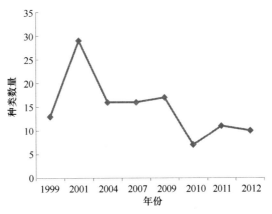

图 9.1　长江口春季鱼类浮游生物种类数量变化

按照鱼类浮游生物的生态习性和分布特点进行归类，长江口及其邻近海域鱼类浮游生物主要存在 4 种生态类型（见表 9.1）。

淡水型：其整个生活史在淡水中完成，有寡鳞飘鱼（*Pseudolaubuca engraulis*）和银飘鱼（*Pseudolaubuca sinensis*）两种，主要分布在河口内侧的淡水或寡盐性的水体中。

半咸水型：包括降河洄游和溯河洄游的种类，多为河口性鱼类，早期发育多在河口附近水域完成。有凤鲚（*Coilia mystus*）、松江鲈（*Trachidermis fasciatus*）、日本鱵（*Hemirhamphus sajori*）、矛尾鰕虎鱼（*Chaeturichthys stigmatias*）、有明银鱼（*Salanx ariskensis*）和东方鲀属鱼类 1 种等。

沿岸型：多为春、夏季洄游到沿岸浅水进行索饵、繁殖和生长发育，冬季洄游到外海越冬的鱼类。有康氏小公鱼（*Stolephorus commersonii*）、小黄鱼（*Pseudosciaena polyactis*）、白氏银汉鱼（*Allanetta bleekeri*）、赤鼻棱鳀（*Thrissa kammalensis*）、中颌棱鳀（*Thrissa mystax*）、褐菖鲉（*Sebastiscus marmoratus*）、银鲳（*Pampus argenteus*）等。

近海型：该种类型的鱼类成鱼多在水深大于 30 m 的海区索饵，进入河口或近岸繁殖产卵。有鳀（*Engraulis japonicus*）、鲐（*Pneumatophorus japonicus*）、尖海龙（*Syngnathus acus*）等。

## 9.1.2　优势种组成

1998—2012 年长江口春季鱼类浮游生物优势种主要为鳀、凤鲚、松江鲈、白氏银汉鱼等，各年度优势种类存在差异（表 9.2）。

**表 9.2 长江口鱼类浮游生物春季优势种组成**

| 种类 | IRI 指数 | | | | | | | |
|---|---|---|---|---|---|---|---|---|
| | 1999 年 | 2001 年 | 2004 年 | 2007 年 | 2009 年 | 2010 年 | 2011 年 | 2012 年 |
| 鲲 | 2 490.9 | 248.6 | 167.3 | 166.7 | 249.0 | 301.1 | 2 216.4 | 3 299.1 |
| 凤鲚 | 1 078.2 | 1 672.2 | 997.9 | 649.3 | 480.1 | 2.7 | 36.2 | 54.1 |
| 松江鲈 | 34.3 | 115.6 | 166.7 | 226.5 | 173.5 | 2.7 | 295.2 | 71.6 |
| 白氏银汉鱼 | 537.4 | 68.8 | 394.4 | 1 191.3 | 23.9 | 48.4 | 94.4 | 25.9 |
| 六丝矛尾鰕虎鱼 | 718.4 | 264.1 | 53.6 | 0.4 | — | — | — | — |
| 小黄鱼 | 36.4 | 481.7 | 3.6 | 2.2 | 136.3 | 857.5 | 58.9 | 5.9 |
| 康氏小公鱼 | 0.0 | 0.9 | 18.1 | 5.4 | 135.6 | 940.9 | 555.9 | 11.4 |
| 细条天竺鱼 | 0.0 | 0.0 | 7.1 | 0.4 | — | — | — | — |
| 鲕 | 2.8 | 9.7 | 0.0 | 0.0 | — | — | — | — |
| 银鲳 | 48.8 | 2.7 | 0.0 | 1.5 | 16.0 | — | — | — |
| 鲐 | 1.0 | 0.4 | 0.0 | 0.0 | — | — | 1.7 | — |
| 七星底灯鱼 | 66.5 | 0.1 | 7.1 | 0.4 | — | — | — | — |
| 前颌间银鱼 | 21.3 | 0.0 | 1.5 | 0.0 | — | — | — | — |
| 矛尾复鰕虎鱼 | 0.0 | 205.4 | 0.0 | 0.0 | 0.3 | — | — | — |
| 矛尾鰕虎鱼 | 0.0 | 27.0 | 3.6 | 0.0 | — | — | — | — |
| 寡鳞飘鱼 | 0.0 | 0.0 | 22.5 | 0.0 | — | — | — | — |
| 黄鲫 | 0.0 | 25.7 | 0.0 | 0.0 | — | — | — | — |
| 赤鼻棱鳀 | 0.0 | 1.3 | 0.0 | 0.4 | 1.3 | — | 0.2 | — |
| 尖海龙 | — | — | — | — | 0.3 | — | 15.9 | — |
| 褐菖鲉 | — | — | — | — | 1.3 | 5.4 | 0.3 | 1.5 |
| 东方鲀属（未定种） | — | — | — | — | 0.3 | — | — | 0.1 |
| 鰕虎鱼科（未定种） | 0.0 | 8.2 | 0.0 | 0.4 | — | — | — | — |

"—" 表示当年未捕获该鱼。

### 9.1.3 丰度及空间分布

1998—2012 年长江口春季鱼类浮游生物丰度值随年度变化而不同，但总体呈下降趋势（图 9.2）。

鱼类浮游生物的空间分布也在河道与外海之间交替波动（图 9.3）。

### 9.1.4 群落多样性

长江口春季鱼类浮游生物丰富度指数呈现先升高后下降的趋势。但均匀度和 Shannon-Wiener 多样性指数则有不同的变化，均匀度指数除了 2001 年有一定的波动外，总体上呈上升趋势，Shannon-Wiener 多样性指数则刚好相反，呈下降趋势，见表9.3。

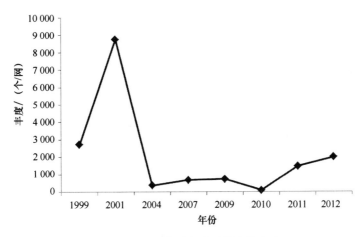

图 9.2　长江口春季鱼类浮游生物丰度

**表 9.3　长江口鱼类浮游生物春季多样性指数变化**

| 年份 | 丰富度（$D$） | 均匀度（$J$） | Shannon-Wiener 指数（$H'$） |
|------|------|------|------|
| 1999 | 0.74±0.61[A] | 0.63±0.25[A] | 0.68±0.57[A,B] |
| 2001 | 0.81±0.52[A] | 0.56±0.23[A] | 0.68±0.49[A] |
| 2004 | 0.75±0.51[A] | 0.67±0.29[A] | 0.42±0.38[B,C] |
| 2007 | 0.59±0.66[A] | 0.75±0.21[A] | 0.33±0.43[C] |
| 2009 | 0.68±0.72[A] | 0.73±0.20[A] | 0.56±0.56[A] |
| 2010 | 0.52±0.52[A] | 0.84±0.19[A] | 0.37±0.46[A] |
| 2011 | 0.86±0.42[A] | 0.68±0.29[A] | 0.58±0.47[A] |
| 2012 | 0.44±0.53[A] | 0.70±0.32[A] | 0.30±0.35[A] |

注：上标表示差异性水平，字母相同或有包含关系则表明差异不显著，字母不同则表示差异性显著。

## 9.2　秋季长江口鱼类浮游生物群落特征

### 9.2.1　种类组成

　　1998—2012 年 10 个秋季航次共捕获鱼类浮游生物 1 660 个，其中鱼卵 326 粒，仔稚鱼 1 324 尾，隶属于 10 目 19 科 33 种（表9.4），5 种未定种，其中以鲈形目和鲱形目种类最多。

　　根据鱼类浮游生物的生态习性和分布特点，可将其划分为 4 种生态类型：淡水型、半咸水型、沿岸型和近海型。

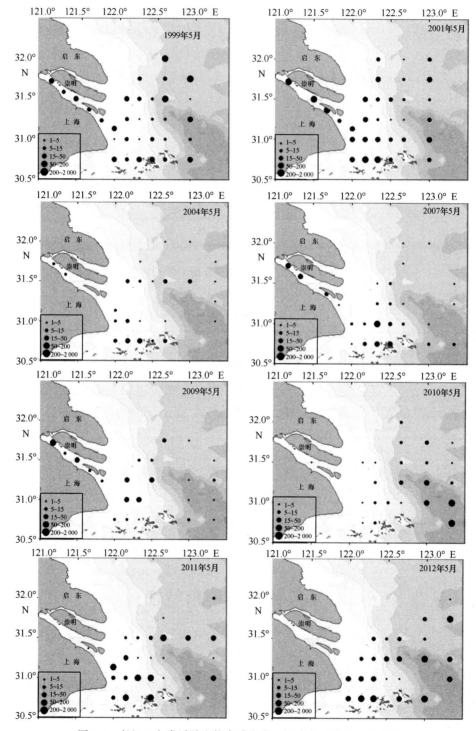

图9.3 长江口鱼类浮游生物春季丰度空间分布(单位:个/网)

　　淡水型：其种类数量最少，仅4种。其中，麦穗鱼（*Pseudorasbora parva*）、银飘鱼（*Pseudolaubuca sinensis*）和寡鳞飘鱼（*Pseudolaubuca engraulis*），皆属于鲤科。

　　半咸水型：生活在河口附近，共10种。主要有前颌间银鱼（*Salanx prognathus*）、矛尾鰕虎鱼（*Chaeturichthys stigmatias*）、有明银鱼（*Salanx ariskensis*）和凤鲚（*Coilia mystus*）等。

　　沿岸型：春夏季由较深的越冬海区游至河口附近的浅海或近河口的半咸水区生殖的鱼类，共12种，是种类最多的类型。主要包括康氏小公鱼（*Stolephorus commersonnii*）、龙头鱼（*Harpadon nehereus*）、赤鼻棱鳀（*Thrissa kammalensis*）和白氏银汉鱼（*Allanetta bleekeri*）等。

　　近海型：多在离岸较远，水深大于30 m的海区栖息，共9种。主要有鳀（*Engraulis japonicus*）、七星底灯鱼（*Benthosema pterotum*）、鲈鱼（*Lateolabrax japonicus*）、尖海龙（*Syngnathus acus*）等。

**表9.4　长江口秋季鱼类浮游生物名录**

| 种类 | 拉丁名 | 生态类型 | 1998 | 2000 | 2002 | 2003 | 2004 | 2007 | 2009 | 2010 | 2011 | 2012 |
|---|---|---|---|---|---|---|---|---|---|---|---|---|
| **鳀科** | **Engraulidae** | | | | | | | | | | | |
| 赤鼻棱鳀 | *Thrissa kammalensis* | 沿岸 | | | | | | * | * | | | |
| 刀鲚 | *Coilia nasus* | 半咸水 | | | | | | * | | | * | |
| 凤鲚 | *Coilia mystus* | 半咸水 | * | | | | | * | | | | |
| 黄鲫 | *Setipinna taty* | 沿岸 | | | | | | | * | | | |
| 青带小公鱼 | *Encrasicholina punctifer* | 沿岸 | | | | * | | | | | | |
| 康氏小公鱼 | *Stolephorus commersonnii* | 沿岸 | * | * | | * | * | | | * | * | * |
| 鳀 | *Engraulis japonicus* | 近海 | | * | * | * | * | * | * | * | * | * |
| **鲤科** | **Cyprinidae** | | | | | | | | | | | |
| 寡鳞飘鱼 | *Pseudolaubuca engraulis* | 淡水 | | * | | | | | | | | |
| 麦穗鱼 | *Pseudorasbora parva* | 淡水 | * | | | | | | * | | | |
| 银飘鱼 | *Pseudolaubuca sinensis* | 淡水 | | * | | | * | * | | | | |
| **石首鱼科** | **Sciaenidae** | | | | | | | | | | | |
| 大黄鱼 | *Larimichthys crocea* | 近海 | | | * | | | | | | * | |
| 黄姑鱼 | *Argyrosomus japonicus* | 近海 | | * | | | | | | | | |
| **狗母鱼科** | **Synodontidae** | | | | | | | | | | | |
| 花斑蛇鲻 | *Saurida undosquamis* | 沿岸 | | | | | * | | | | | |
| 龙头鱼 | *Harpadon nehereus* | 近海 | | * | * | * | * | * | * | | * | |
| **银鱼科** | **Salangidae** | | | | | | | | | | | |
| 前颌间银鱼 | *Salanx prognathus* | 半咸水 | | | | | | * | | | | |
| 有明银鱼 | *Salanx ariskensis* | 半咸水 | | * | * | | * | | | | | |
| **海龙科** | **Syngnathidae** | | | | | | | | | | | |
| 尖海龙 | *Syngnathus acus* | 近海 | | | * | | | * | * | | | * |

续表

| 种类 | 拉丁名 | 生态类型 | 年份 | | | | | | | | | |
|---|---|---|---|---|---|---|---|---|---|---|---|---|
| | | | 1998 | 2000 | 2002 | 2003 | 2004 | 2007 | 2009 | 2010 | 2011 | 2012 |
| **灯笼鱼科** | **Myctophidae** | | | | | | | | | | | |
| 七星底灯鱼 | *Benthosema pterotum* | 近海 | | | | * | | * | | | | |
| **鱵科** | **Hemiramphidae** | | | | | | | | | | | |
| 中华鱵 | *Hyporhamphus limbatus* | 沿岸 | | | | | | | * | | | * |
| **带鱼科** | **Trichiuridae** | | | | | | | | | | | |
| 带鱼 | *Trichiurus lepturus* | 半咸水 | | | | | | * | | | | |
| **花鲈科** | **Lateolabracidae** | | | | | | | | | | | |
| 花鲈 | *Lateolabrax japonicus* | 近海 | | * | * | | | | | | | |
| **天竺鲷科** | **Apogonidae** | | | | | | | | | | | |
| 细条天竺鱼 | *Jaydia lineata* | 近海 | | | | | | | * | | * | |
| **鳚科** | **Blenniidae** | | | | | | | | | | | |
| 美肩鳃鳚 | *Omobranchus elegans* | 近海 | | | | | | | * | | | |
| **锦鳚科** | **Pholidae** | | | | | | | | | | | |
| 方氏云鳚 | *Pholis nebulosa* | 沿岸 | | | | * | | | | | | |
| **虾虎鱼科** | **Gobiidae** | | | | | | | | | | | |
| 矛尾虾虎鱼 | *Chaeturichthys stigmatias* | 半咸水 | | | | | | * | * | | | |
| 红狼牙虾虎鱼 | *Odontamblyopus rubicundus* | 半咸水 | | | | | * | | | | | |
| 犬牙细棘虾虎鱼 | *Acentrogobius caninus* | 半咸水 | | * | | | | | | | | |
| **银汉鱼科** | **Atherinidae** | | | | | | | | | | | |
| 白氏银汉鱼 | *Hypoatherina valenciennei* | 沿岸 | | | | | | | * | * | * | * |
| **毒鲉科** | **Synanceiidae** | | | | | | | | | | | |
| 虎鲉 | *Minous monodactylus* | 近海 | | | | | | * | | | | |
| **鳢科** | **Channidae** | | | | | | | | | | | |
| 七星鳢 | *Channa asiatica* | 淡水 | | * | * | | | | | | | |
| **鲷科** | **Sparidae** | | | | | | | | | | | |
| 鲷科（未定种） | *Sparidae gen. et sp. indet.* | 近海 | | | | | * | | | | | |
| **䲗科** | **Callionymidae** | | | | | | | | | | | |
| 䲗科（未定种） | *Callionymidae gen. et sp. indet.* | 近海 | | | * | | | | | | | |

## 9.2.2 优势种组成

根据 *IRI* 指数所确定的优势种及其组成（表 9.5），2002 年和 2009 年的绝对优势种分别为两种未定种鱼卵。2002 年之前优势度较高的有鳀、有明银鱼、康氏小公鱼和麦穗鱼；2003 年和 2004 年康氏小公鱼优势度上升为第一位，有明银鱼的优势度为第二位；2007 年前颌间银鱼占据了优势地位，鳀和矛尾虾虎鱼其次，而康氏小公鱼和有明银鱼却没有出现；2010 年主要优势种为康氏小公鱼、鳀和龙头鱼；2011 年优势种为鳀和康氏小公鱼；2012 年优势种与 2010 年及 2011 年基本相同，绝对优势种仍为鳀。

表 9.5 长江口鱼类浮游生物秋季优势种组成

| 种类 | IRI 指数 | | | | | | | | | |
|---|---|---|---|---|---|---|---|---|---|---|
| | 1998 年 | 2000 年 | 2002 年 | 2003 年 | 2004 年 | 2007 年 | 2009 年 | 2010 年 | 2011 年 | 2012 年 |
| 未定种鱼卵 4 | — | — | — | — | — | — | 3 145.50 | — | — | — |
| 前颌间银鱼 | — | — | — | — | — | 710.31 | — | — | — | — |
| 康氏小公鱼 | 334.49 | 4.43 | — | 1 686.24 | 713.97 | — | — | 673.5 | 80.19 | 26.4 |
| 未定种鱼卵 2 | — | — | 807.10 | — | — | — | — | — | — | — |
| 鳀 | — | 177.38 | 8.87 | 6.02 | 4.43 | 584.08 | — | 45.6 | 3 155.94 | 904.6 |
| 矛尾鰕虎鱼 | — | — | — | — | — | 329.48 | 1.05 | — | — | — |
| 有明银鱼 | — | 345.90 | 53.22 | — | 319.29 | — | — | — | — | — |
| 麦穗鱼 | 459.93 | — | — | — | — | — | 22.08 | — | — | — |
| 龙头鱼 | — | 124.17 | 26.61 | 3.01 | 4.43 | 6.42 | 42.05 | 13.69 | — | — |
| 大黄鱼 | — | — | 141.91 | — | — | — | — | — | — | — |
| 鲈鱼 | — | 44.35 | 53.22 | — | — | — | — | — | — | — |
| 赤鼻棱鳀 | — | — | — | — | — | 2.14 | 75.69 | — | — | — |
| 尖海龙 | — | — | 22.17 | — | — | 4.28 | 12.62 | — | — | 13.2 |
| 寡鳞飘鱼 | — | 53.22 | — | — | — | — | — | — | — | — |
| 七星鳢 | — | 26.61 | 17.74 | — | — | — | — | — | — | — |
| 未定种鱼卵 1 | — | 62.08 | — | — | — | — | — | — | — | — |
| 刀鲚 | — | — | — | — | — | — | 21.03 | — | — | 19.2 |
| 七星底灯鱼 | — | — | — | 27.10 | — | 9.63 | — | — | — | — |
| 鲙 | — | — | — | — | — | 27.81 | — | — | — | — |
| 银飘鱼 | — | 4.43 | — | — | 17.74 | 0.53 | — | — | — | — |
| 青带小公鱼 | — | — | 12.04 | — | — | — | — | — | — | — |

"—"表示当年未捕获。

## 9.2.3 丰度及空间分布

1998—2012 年秋季，长江口鱼类浮游生物的丰度从总体上来说是一个升高的趋势（图 9.4）。鱼类浮游生物丰度在 2004 年之前丰度变化不大，但在 2007 年有了一个大幅度的升高；2009 年的总丰度却降低，降为 2007 年的 50.88%；2011 年有所回升；2012 年回落。

鱼类浮游生物的空间分布也在河道与外海之间交替波动（图 9.5）。

## 9.2.4 群落多样性

所调查的 10 个年份出现的鱼卵和仔稚鱼的种类数分别为 3 种、11 种、9 种、7 种、7 种、15 种、12 种、9 种、5 种和 9 种。均匀度指数和 Shannon-Wiener 多样性指数总体

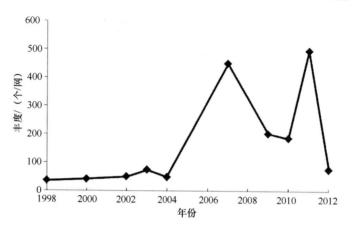

图 9.4  长江口秋季鱼类浮游生物丰度

上的趋势是 2000 年之后，多样性指数降低；2007 年多样性指数增高；2009 年，指数又有所降低；2012 年的多样性指数为 10 个年份中的最高值。种类丰富度指数也出现类似的变化（表 9.6）。

表 9.6  长江口鱼类浮游生物秋季多样性指数变化

| 年份 | 丰富度（D） | 均匀度（J） | Shannon-Wiener 指数（H′） |
|------|-----------|-----------|---------------------------|
| 2000 | $0.16\pm0.40^{B,C}$ | $0.15\pm0.33^{B,C}$ | $0.10\pm0.23^{A,B}$ |
| 2002 | $0.08\pm0.26^{A,B}$ | $0.07\pm0.23^{A,B}$ | $0.06\pm0.22^{A}$ |
| 2003 | $0.05\pm0.25^{A,B}$ | $0.04\pm0.20^{A,B}$ | $0.03\pm0.14^{A}$ |
| 2004 | $0.07\pm0.31^{A,B}$ | $0.04\pm0.19^{A,B}$ | $0.04\pm0.19^{A}$ |
| 2007 | $0.26\pm0.43^{C}$ | $0.22\pm0.36^{C}$ | $0.21\pm0.35^{C}$ |
| 2009 | $0.27\pm0.53^{C}$ | $0.21\pm0.38^{C}$ | $0.17\pm0.33^{B,C}$ |
| 2010 | $0.07\pm0.32^{A}$ | $0.08\pm0.26^{C}$ | $0.28\pm0.08^{C}$ |
| 2011 | $0.06\pm0.25^{A}$ | $0.04\pm0.38^{C}$ | $0.32\pm0.22^{B}$ |
| 2012 | $1.62\pm0.11^{B}$ | $0.49\pm0.05^{B}$ | $1.04\pm0.10^{B}$ |

注：数值代表平均值，上标不同代表数值之间存在显著性差异。

总体上，秋季长江口鱼类浮游生物多样性呈波动状态，2000—2002 年间多样性水平较低，2007 年和 2009 年显著上升，2010 年和 2011 年显著回落，2012 年升至多样性最高水平。

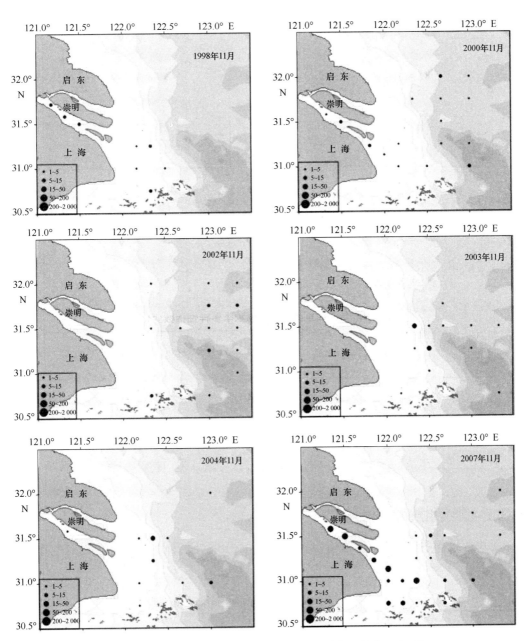

图 9.5　长江口鱼类浮游生物秋季丰度空间分布（单位：个/网）

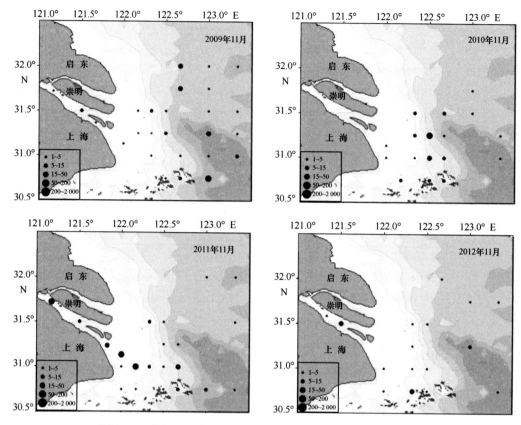

续图 9.5　长江口鱼类浮游生物秋季丰度空间分布（单位：个/网）

# 9.3　三峡水库蓄水前后春季群落结构变化

## 9.3.1　种类组成的变化

8 个年度春季调查中，蓄水前（1999 年和 2001 年）的种类要多于蓄水后的 2004 年和 2007 年，2008—2012 年的种类少于 2003—2007 年（表 9.7）。

表 9.7　三峡水库蓄水前后长江口鱼类浮游生物春季种类数量

| 阶段 | 种类数量 |
| --- | --- |
| 1998—2002 年 | 32 |
| 2003—2007 年 | 25 |
| 2008—2012 年 | 20 |

## 9.3.2 优势种变化

蓄水前，1999 年优势度较高的种类有鳀、凤鲚、六丝矛尾鰕虎鱼和白氏银汉鱼；2001 年，白氏银汉鱼失去其优势地位，优势种组成中增加了小黄鱼、矛尾复鰕虎鱼和松江鲈。蓄水后，2004 年和 2007 年的优势种包括凤鲚、白氏银汉鱼、鳀和松江鲈，但两个年度优势种的排序不同：2007 年白氏银汉鱼取代凤鲚，成为优势度最高的种类（表 9.8）。

2008—2012 年，2009 年的主要优势种为凤鲚、鳀、松江鲈、小黄鱼及康氏小公鱼，与 1998—2007 年结果不同的是康氏小公鱼也变为优势种之一；2010 年优势种为康氏小公鱼、小黄鱼和鳀；2011 年优势种为鳀、康氏小公鱼和松江鲈；2012 年的优势种仅为鳀，其余种类的数量和分布站位都明显缩小。

**表 9.8　三峡水库蓄水前后长江口鱼类浮游生物春季优势种变化**

| 阶段 | 优势种 |
| --- | --- |
| 1998—2002 年 | 凤鲚、鳀、松江鲈、白氏银汉鱼和六丝矛尾鰕虎鱼 |
| 2003—2007 年 | 白氏银汉鱼、凤鲚、松江鲈和鳀 |
| 2008—2012 年 | 凤鲚、康氏小公鱼和鳀 |

## 9.3.3 丰度及空间分布变化

1999 年和 2001 年的鱼类浮游生物丰度最高，显著高于蓄水后的 2004 年和 2007 年，2008—2012 年丰度有所回升，但未达到蓄水前的水平（表 9.9）。

蓄水前，2001 年长江口春季鱼类浮游生物丰度高于 1999 年，而蓄水后 2004 年迅速下降，仅为 1999 年的 13.9% 和 2001 年的 4.3%；与 2004 年相比，2007 年长江口鱼类浮游生物丰度略有回升，分别为 1999 年和 2001 年的 25.2% 和 7.8%。1999 年鱼类浮游生物在长江口南支、调查海域的南部和东北部均有高分布点出现。2001 年主要集中分布在长江口口门内和长江口南部近岸水域。2004 年和 2007 年，仅有零星分布点丰度超过 250 个/站，其中 2004 年主要分布在南部近岸水域，2007 年增加了长江口南支河道水域（见图 9.3）。

2008—2012 年间，2009 年与 2010 年丰度整体偏低，与 2007 年相近，2009 年丰度较大的站位分布在河道和长江口南支水域，2010 年则集中在长江口外侧水域；2011 年，调查水域的鱼类浮游生物丰度开始增加，除河道水域外，其余水域丰度已经接近 1999 年调查水域的丰度。

**表 9.9　三峡水库蓄水前后长江口鱼类浮游生物春季丰度变化**

| 阶段 | 丰度（个/网） |
|---|---|
| 1998—2002 年 | 9 715 |
| 2003—2007 年 | 972 |
| 2008—2012 年 | 4 142 |

## 9.3.4　群落多样性变化

　　蓄水后比蓄水前的群落多样性有所下降（表 9.10）。对蓄水前后及 2008—2012 年春季长江口鱼类浮游生物的 3 个生物多样性指数进行 ANOVA 分析发现，丰富度和均匀度指数年度间差异不显著（$P > 0.05$），而 Shannon-Wiener 指数则有显著差异（$P < 0.01$），其中 1999 年和 2007 年（$P < 0.05$）、2001 年和 2004 年（$P < 0.05$）差异显著；2001 年和 2007 年（$P < 0.01$）差异极显著；2008—2012 年与 2004 年和 2007 年差异显著，与 1999 年和 2001 年差异不显著。可以看出，蓄水后的两个年度的生物多样性显著低于蓄水前水平，而在 2009 年和 2011 年有所恢复，2012 年又开始下降（见表 9.3）。

**表 9.10　三峡水库蓄水前后长江口鱼类浮游生物春季群落多样性变化**

| 阶段 | 丰富度（$D$） | 均匀度（$J$） | Shannon-Wiener 指数（$H'$） |
|---|---|---|---|
| 1998—2002 年 | 0.74±0.56 | 0.59±0.24 | 0.68±0.54 |
| 2003—2007 年 | 0.67±0.51 | 0.71±0.25 | 0.38±0.38 |
| 2008—2012 年 | 0.62±0.58 | 0.72±0.22 | 0.36±0.29 |

## 9.3.5　群落结构变化

　　不同年份调查中长江口春季鱼类浮游生物群落间相异性指数见表 9.11。

　　与蓄水前相比，2008—2012 年的春季长江口鱼类浮游生物群落格局出现了一定程度的变异。总体来看，2007 年与 2010 年的群落组成相差最大，2004 年与 2012 年的群落组成相差最小，详见表 9.11。

**表 9.11　不同年份间春季长江口鱼类浮游生物群落组成的相异性指数（%）**

| 年份 | 2001 | 2004 | 2007 | 2009 | 2010 | 2011 | 2012 |
|---|---|---|---|---|---|---|---|
| 1999 | 89.70 | 87.57 | 89.75 | 87.32 | 88.75 | 89.09 | 87.66 |
| 2001 | | 90.74 | 92.54 | 89.81 | 88.51 | 89.61 | 90.30 |
| 2004 | | | 87.07 | 87.68 | 89.62 | 88.81 | 86.47 |
| 2007 | | | | 89.87 | 92.91 | 91.64 | 89.87 |
| 2009 | | | | | 88.57 | 88.97 | 87.89 |
| 2010 | | | | | | 88.56 | 90.49 |
| 2011 | | | | | | | 89.58 |

ANOSIM 分析表明，1998—2012 年春季 8 个航次长江口及其邻近海域鱼类浮游生物群落结构总体差异显著（$R=0.007$，$P<0.05$）。其中，2004 年和 2012 年的相似性程度最高（$R=0.216$，$P=0.1$），其次是 2004 年和 2007 年（$R=0.206$，$P=0.1$），相似性最小的是 2007 年与 2010 年，$R=0.002$，但均不显著。

利用 SIMPER 分析，可得到影响长江口春季鱼类浮游生物群落组成差异的物种的贡献率。分析结果显示，白氏银汉鱼、凤鲚、康氏小公鱼、松江鲈、鳀以及小黄鱼是各年间鱼类浮游生物群落结构差异贡献最大的 5 种鱼类，这些种类的丰度的时空变异造成了春季长江口鱼类浮游生物群落年度间的变异。

# 9.4 三峡水库蓄水前后秋季群落结构变化

## 9.4.1 种类组成的变化

调查结果表明：蓄水后秋季物种种类数量开始下降（表 9.12）。1998 年共捕获仔稚鱼 35 尾，无鱼卵，隶属于 2 目 2 科 3 种；2000 年共捕获仔稚鱼 53 尾，鱼卵 2 粒，隶属于 5 目 8 科 10 种，1 种未定种；2002 年共捕获仔稚鱼 25 尾，鱼卵 30 粒，隶属于 5 目 8 科 8 种，1 种未定种鱼卵；2003 年共捕获仔稚鱼 81 尾，无鱼卵，隶属于 4 目 5 科 7 种，1 种未定种；2004 年共捕获仔稚鱼 55 尾，无鱼卵，隶属于 5 目 5 科 7 种；2007 年共捕获仔稚鱼 450 尾，鱼卵 6 粒，隶属于 9 目 11 科 15 种。

2008—2012 年的物种数量进一步下降。2009 年共捕获仔稚鱼 44 尾，鱼卵 188 粒，隶属于 7 目 8 科 10 种，2 种未定种鱼卵；2010 年共捕获鱼卵仔稚鱼 186 尾，隶属于 5 目 5 科 9 种；2011 年共捕获鱼卵仔稚鱼 496 尾，隶属于 3 目 3 科 5 种；2012 年共捕获鱼卵仔稚鱼 76 尾，隶属于 5 目 8 科 9 种。

**表 9.12 三峡水库蓄水前后长江口鱼类浮游生物秋季种类数量**

| 阶段 | 种类数量 |
| --- | --- |
| 1998—2002 年 | 21 |
| 2003—2007 年 | 17 |
| 2008—2012 年 | 10 |

## 9.4.2 优势种组成变化

1998—2012 年，长江口秋季鱼类浮游生物优势种丰度发生了很大的变化（表 9.13）。在年度间，出现次数较多的康氏小公鱼在 1998 年、2003 年和 2004 年都是绝对优势种，而在 2007 年和 2009 年没有出现，从 2010 年开始又成为主要的优势种之一。鳀在 2000 年处于优势地位，在 2002—2004 年失去优势地位，在 2007—2012 年，除 2009 年之外均为优势种。鰕虎鱼类、有明银鱼和前颌间银鱼在 2007 年丰度高，优势度上升。蓄水后，优势种组成发生了较大变化。

**表 9.13　三峡水库蓄水前后长江口鱼类浮游生物秋季优势种变化**

| 阶段 | 优势种 |
| --- | --- |
| 1998—2002 年 | 鳀、矛尾鰕虎鱼、有明银鱼、麦穗鱼和龙头鱼 |
| 2003—2007 年 | 前颌间银鱼、康氏小公鱼、鳀、矛尾鰕虎鱼和有明银鱼 |
| 2008—2012 年 | 康氏小公鱼和鳀 |

### 9.4.3　丰度及空间分布变化

1998—2012 年，秋季长江口鱼类浮游生物的丰度总体上处于升高的趋势（表 9.14）。2003—2007 年鱼类浮游生物丰度是蓄水前的约 2.5 倍，2008—2012 年则是蓄水前的 4.8 倍。

**表 9.14　三峡水库蓄水前后长江口鱼类浮游生物秋季丰度变化**

| 阶段 | 丰度（个/网） |
| --- | --- |
| 1998—2002 年 | 200 |
| 2003—2007 年 | 499 |
| 2008—2012 年 | 961 |

蓄水前，1998 年秋季航次捕获的鱼类浮游生物主要分布在河口内，近海区域几乎没有。2000 年之后，捕获的鱼类浮游生物不仅在丰度上有些增加，在分布区域上也有明显的扩大。2000 年，鱼类浮游生物分布得非常扩散和均匀；2003 年鱼类浮游生物分布没有在河口内，只是在沿岸区域和近海区域，而在近海区域的分布明显增加。2003年之后，鱼类浮游生物的主要分布范围由近海区域向河口内移动（见图 9.5）。

2007 年秋季，在河口内和沿岸区域南部的鱼类浮游生物的丰度有大幅度的增加。2009 年秋季，鱼类浮游生物主要分布范围又发生了变化，分布非常扩散，与 2000 年的分布有些相似。2010 年秋季鱼类浮游生物集中分布在近海区域，河口内分布显著减少。2011 年则主要分布在河口内及河口近海区域，其他区域的鱼卵仔稚鱼分布较少。2012 年整体丰度较少，但分布相对均匀（见图 9.5）。

蓄水前后长江口鱼类浮游生物秋季的空间分布处于不断波动的状态。

### 9.4.4　群落多样性变化

蓄水前后，长江口鱼类浮游生物秋季群落多样性总体呈上升趋势（表 9.15）。

均匀度指数和 Shannon-Wiener 多样性指数总体呈上升趋势，2000 年之后，多样性指数降低；2007 年多样性指数增高；到 2009 年，指数又有所降低；2012 年的多样性指数为 10 个年份中的最高值。

对于 10 个航次的 3 个生物多样性指数进行 ANOVA 分析发现（见表 9.6），丰富度和均匀度指数在 2000 年、2002 年、2003 年和 2004 年各年之间均无显著性差异（P>0.05）；2007 年和 2009 年之间、2010 年和 2011 年之间也没有显著性差异（P>0.05）；其余年份之间丰富度和均匀度指数均有显著性差异（P<0.05）。Shannon-Wiener 指数（$H'$）不同于其他两个指数，2000 年、2002 年、2003 年和 2004 年各年之间均无显著性差异（P>0.05）；2007 年、2009 年和 2010 年之间无显著性差异（P>0.05）；2011 年和 2012 年之间也无显著性差异（P>0.05）；其余年份之间均有显著性差异（P<0.05）。

表 9.15　三峡水库蓄水前后长江口鱼类浮游生物秋季群落多样性变化

| 阶段 | 丰富度（$D$） | 均匀度（$J$） | Shannon-Wiener 指数（$H'$） |
|---|---|---|---|
| 1998—2002 年 | 0.08±0.23 | 0.08±0.23 | 0.09±0.54 |
| 2003—2007 年 | 0.17±0.51 | 0.13±0.16 | 0.13±0.19 |
| 2008—2012 年 | 0.52±0.25 | 0.41±0.24 | 0.46±0.22 |

## 9.4.5　群落结构变化

10 个不同年份调查中鱼类浮游生物群落间相似性指数见表 9.16。各年间的相似性指数都不高。最高的是 2000 年和 2004 年，相似性指数为 55.85%；其次为 2003 年和 2004 年、2000 年和 2002 年，相似性指数分别为 54.40%、51.64%；1998 年和 2002 年的相似性指数最低，为 0；其余年份的相似系数在 6%~35% 浮动。

ANOSIM 分析表明（表 9.16），10 个航次长江口秋季鱼类浮游生物群落结构总体差异显著（$R=0.509$，$P<0.05$）。其中，1998 年和 2003 年的相似性最高（$R=0.06$，$P=19.1$），其次是 2000 年和 2004 年（$R=0.154$，$P=1$）以及 2004 年和 2007 年（$R=0.154$，$P=1$），群落结构差异没有达到显著水平（$P>0.05$）。其余年间均达到差异性显著（$P<0.05$）。

利用 SIMPER 分析，可得到影响长江口秋季鱼类浮游生物群落组成差异的物种的贡献率。蓄水前，康氏小公鱼、麦穗鱼、未定种鱼卵 2 和有明银鱼是影响蓄水前 1998 年、2000 年和 2002 年间鱼类浮游生物群落结构差异贡献最大的种类。蓄水后，康氏小公鱼、鳀、有明银鱼和未定种鱼卵 4 是影响蓄水后各年间的鱼类浮游生物群落结构差异贡献较大的种类。除了未定种鱼卵 4、康氏小公鱼和鳀，还有龙头鱼是影响蓄水前后有显著差异的年份间鱼类浮游生物群落结构的贡献较大的种类。

表 9.16　不同年份间秋季长江口鱼类浮游生物群落组成的相似性指数（%）

| 年份 | 1998 | 2000 | 2002 | 2003 | 2004 | 2007 | 2009 | 2010 | 2011 |
|---|---|---|---|---|---|---|---|---|---|
| 2000 | 10.91 | | | | | | | | |
| 2002 | 0.00 | 51.64 | | | | | | | |
| 2003 | 29.51 | 30.53 | 22.40 | | | | | | |

| 年份 | 1998 | 2000 | 2002 | 2003 | 2004 | 2007 | 2009 | 2010 | 2011 |
|------|------|------|------|------|------|------|------|------|------|
| 2004 | 28.98 | 55.85 | 34.53 | 54.40 | | | | | |
| 2007 | 6.70 | 21.99 | 21.31 | 21.63 | 18.38 | | | | |
| 2009 | 15.27 | 10.99 | 19.34 | 8.38 | 8.30 | 29.27 | | | |
| 2010 | 14.82 | 30.34 | 18.98 | 12.89 | 9.32 | 30.12 | 19.08 | | |
| 2011 | 13.15 | 23.12 | 19.89 | 16.56 | 10.09 | 29.98 | 20.12 | 9.89 | |
| 2012 | 12.08 | 25.25 | 20.75 | 18.01 | 9.11 | 30.12 | 23.00 | 8.09 | 12.98 |

# 9.5　影响因素

## 9.5.1　1998—2002 年影响春季长江口鱼类浮游生物的环境因子

根据 1999 年和 2001 年两个春季的长江口及其邻近海域的鱼类浮游生物调查资料，对筛选的 21 个鱼类浮游生物种类（出现率大于 5%）和 12 个环境变量进行种类和站位的 CCA 排序。CCA 排序结果反映出长江口及其邻近海域鱼类浮游生物群落随环境因子梯度变化的趋势（图 9.6 和图 9.7）。CCA 第一轴和第二轴的特征值分别为 0.539 和 0.316，共解释了种类变异的 19.5% 和环境变异的 52.5%，种类与环境的相关系数分别为 0.919 和 0.869。

在鱼类浮游生物和环境因子的 CCA 二维排序图中（图 9.6），CCA 第一轴主要体现了水域的由近岸到远岸的空间变化，3 个物种生态类群沿该轴梯度变化依次排布。河口型物种分布在第一排序轴的左侧，主要生活在低盐度、浅水、营养盐含量高且透明度相对较低的水域。沿岸型物种主要排布在第一排序轴的中部，主要生活在半咸水、水深较深、营养盐含量较高和透明度不高的水域。近海型物种则主要排布在第一排序轴的中部偏右侧，分布区域盐度高、水深大、透明度大、营养盐含量少，但初级生产力较高。CCA 排序图的第二轴主要体现了各不同生态类型内部物种分布的差异。

从站位与环境因子的 CCA 二维排序图可以看出（图 9.7），河口区的站位主要分布在第一象限，近海区的站位主要分布在第二象限，而沿岸区的站位则散布在四个象限中。河口区因位于河道内，受长江径流的影响最为显著，在这一区域，盐度低、水深浅、营养物质丰富，利于某些河口鱼类的繁殖。沿岸区因受多个水系的影响，环境条件复杂多变，故呈散布的状态，总的来说，这里处于半咸水的区域，营养物质较丰富、悬浮颗粒物含量高、透明度差，为鱼类浮游生物躲避捕食者提供了天然的屏障，是众多鱼类育肥的场所。近海区靠近外海，该水域盐度最高，透明度最好，生产力水平较高，但营养盐含量相对较低。

Monte-Carlo 检验的结果显示（表 9.17），蓄水前长江口及其邻近海域春季鱼类浮游生物群落结构的主要影响因子为盐度、水深、溶解氧和悬浮颗粒物（$P<0.05$）。表

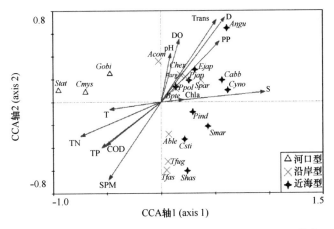

图 9.6　蓄水前春季长江口鱼类浮游生物群落物种 CCA 排序

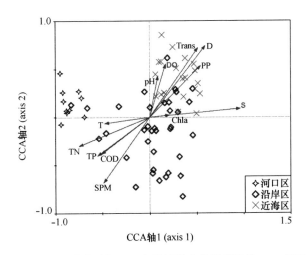

图 9.7　蓄水前春季长江口鱼类浮游生物群落站位 CCA 排序

9.17 是环境因子与排序轴的相关系数，说明排序轴与环境因子直线结合的程度。从表中可以看出，CCA 第一排序轴与盐度呈最大负相关，与总氮呈最大正相关；水深与 CCA 第二排序轴呈最大正相关，悬浮颗粒物与 CCA 第二轴呈最大负相关。由此可见，第一轴反映了盐度和营养盐的变化，第二轴则基本上反映了水深和悬浮颗粒物的梯度变化。

表 9.17　环境因子的条件效应及其与 CCA 各轴的相关系数

| 环境因子 | 条件效应 | $P$ | 第一轴 | 第二轴 |
| --- | --- | --- | --- | --- |
| 水深（D） | 0.28 | 0.002 | −0.54 | 0.65 |
| 盐度（S） | 0.51 | 0.002 | −0.88 | 0.08 |

续表

| 环境因子 | 条件效应 | $P$ | 第一轴 | 第二轴 |
|---|---|---|---|---|
| 温度（T） | 0.09 | 0.080 | 0.44 | -0.06 |
| 溶解氧（DO） | 0.17 | 0.002 | -0.16 | 0.48 |
| pH 值（pH） | 0.06 | 0.262 | -0.08 | 0.37 |
| 化学需氧量（COD） | 0.09 | 0.054 | 0.47 | -0.33 |
| 总氮（TN） | 0.06 | 0.286 | 0.69 | -0.26 |
| 总磷（TP） | 0.09 | 0.060 | 0.51 | -0.35 |
| 悬浮颗粒物（SPM） | 0.14 | 0.004 | 0.45 | -0.59 |
| 叶绿素 a（Chla） | 0.06 | 0.202 | -0.19 | 0.02 |
| 透明度（Trans） | 0.05 | 0.632 | -0.47 | 0.63 |
| 初级生产力（PP） | 0.03 | 0.830 | -0.5 | 0.46 |

## 9.5.2 2003—2007 年影响春季长江口鱼类浮游生物的环境因子

CCA 排序结果显示，前四轴共解释了物种变异的 24.2% 和物种-环境关系变异的 76.0%。其中，物种-环境关系变异的累计解释比例达到 75% 以上，说明 CCA 排序能够较好地说明鱼类浮游生物群落与环境因子的关系。CCA 前两轴特征值分别为 0.551 和 0.350，与环境相关系数分别为 0.837 和 0.749。Monte-Carlo 检验的结果显示，盐度、悬浮颗粒物、水深、总磷、长江 4 月和枯季入海输沙量等通过了显著性检验（$P <$ 0.05），表明这些环境指标在解释群聚变异的独立性（表 9.18）。

表 9.18　环境因子的显著性检验

| 环境因子 | LambdaA | $P$ |
|---|---|---|
| 盐度（S） | 0.43 | 0.002 |
| 水体悬浮颗粒物（SPM） | 0.24 | 0.002 |
| 水深（D） | 0.08 | 0.004 |
| 总磷（TP） | 0.07 | 0.006 |
| 长江 4 月入海输沙量（sedi04） | 0.11 | 0.002 |
| 长江枯水期入海输沙量（sedi12） | 0.07 | 0.002 |
| 长江 5 月入海径流量（run05） | 0.08 | 0.004 |
| 水体透明度（Trans） | 0.04 | 0.054 |
| 叶绿素 a（Chla） | 0.03 | 0.142 |
| 总氮（TN） | 0.03 | 0.172 |
| 溶解氧（DO） | 0.02 | 0.392 |
| 化学需氧量（COD） | 0.03 | 0.412 |
| 温度（T） | 0.01 | 0.494 |
| pH 值（pH） | 0.01 | 0.828 |

2003—2007 年春季长江口鱼类浮游生物群聚变异主要体现在：①物种组成，种类数量由蓄水前的 32 种减少为 2003—2007 年的 25 种，风鳀和鲲的优势地位正在减弱，白氏银汉鱼优势地位上升；②群落丰度，2003—2007 年长江口鱼类浮游生物群落总丰度比蓄水前有所下降；③生物群聚的影响因素，蓄水前长江口鱼类浮游生物群聚主要影响因素是盐度和水深，二者共解释群聚变异的 48.5%，溶解氧和悬浮颗粒物分别解释变异的 10.4% 和 8.6%，2003—2007 年悬浮颗粒物所解释的群聚变异提高了一倍，而水深和溶解氧对群聚结构不再构成显著影响；④群聚类型的空间分布，2003—2007 年长江口鱼类浮游生物依然保持 3 种群聚类型，即河口型、沿岸型和近海型，与蓄水前相比，沿岸型空间分布明显减少，而近海型的分布区域向河口方向扩展；⑤2003—2007年长江入海输沙量介入春季长江口鱼类浮游生物群聚结构（图 9.8）。

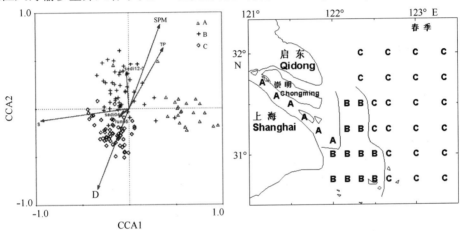

图 9.8　2003—2007 年春季长江口鱼类浮游生物群落站位 CCA 排序

### 9.5.3　环境变化对秋季长江口鱼类浮游生物群落特征的影响

根据 1998—2012 年物种和站位资料作 DCA 分析，分析结果中第二排序轴梯度的长度最大，为 9.106，其值大于 2，因此应选择非线性的典范对应分析（CCA）进行排序。根据物种-站位和环境-站位的矩阵进行 CCA 分析，分析结果显示，CCA 总典范特征值分别为 2.844，前四轴的特征值为 0.696、0.549、0.419、0.389，总共解释了物种变异的 17.5% 和物种-环境关系变异的 72.2%。其中，前两轴与环境的相关性最高，其相关系数分别为 0.884 和 0.788。

通过进一步的 Monte-Carlo 检验，以 $P<0.05$ 的标准，有悬浮颗粒物、长江丰水季入海输沙量、盐度、叶绿素 a、pH 值 5 个环境因子通过了显著性检验（表 9.19）。其中，悬浮物、长江丰水季入海输沙量解释总变异的 17.25% 和 15.49%，高于其他环境因子所解释的变异量。用保留的 5 个环境变量再作 CCA 分析，典范特征值之和为1.197，总共能解释物种-环境关系变异的 88.70%，说明悬浮物、长江丰水季入海输沙量、盐度、叶绿素 a、pH 值能够较好地解释物种-环境关系的变异，是长江口秋季鱼类

浮游生物分布的主要环境影响因子。

**表 9.19　环境因子的条件效应及其与 CCA 各轴的相关系数**

| 环境因子 | LambdaA | P | F | Axis1 | Axis2 |
|---|---|---|---|---|---|
| 悬浮颗粒物（SPM） | 0.49 | 0.002 | 4.8 | 0.53 | -0.44 |
| 长江丰水季入海输沙量（Sedi） | 0.44 | 0.002 | 4.48 | 0.33 | 0.52 |
| 盐度（S） | 0.36 | 0.002 | 3.64 | -0.58 | 0.08 |
| 叶绿素 a（Chla） | 0.32 | 0.002 | 3.45 | 0.21 | 0.42 |
| pH 值（pH） | 0.31 | 0.01 | 3.27 | 0.05 | -0.06 |
| 温度（T） | 0.21 | 0.056 | 2.28 | 0.16 | 0.11 |
| 深度（D） | 0.17 | 0.058 | 1.94 | -0.61 | 0.19 |
| 总磷（TP） | 0.17 | 0.06 | 1.83 | 0.56 | -0.35 |
| 透明度（Trans） | 0.15 | 0.056 | 1.72 | -0.46 | 0.38 |
| 总氮（TN） | 0.12 | 0.186 | 1.38 | 0.54 | -0.17 |
| 溶解氧（DO） | 0.1 | 0.378 | 1.13 | 0.22 | -0.15 |

　　鱼类浮游生物和环境因子的 CCA 空间排序图（图 9.9）为所有环境因子对鱼类浮游生物物种的综合作用。其中 CCA 第一轴是长江口水域从近海远岸到口门的空间变化，秋季鱼类浮游生物各物种沿着 CCA 第一轴占据着不同的位置。

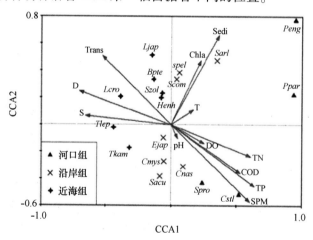

图 9.9　长江口秋季鱼类浮游生物群落物种 CCA 排序

　　根据鱼类浮游生物选择的生境水域的不同将其分为三种群聚类型（表 9.20）。
　　I 河口型的组成物种：有矛尾鰕虎鱼、前颌间银鱼、寡鳞飘鱼、麦穗鱼，该群体的仔稚鱼生活在低盐、高悬浮物浓度、高营养盐的河口地区。寡鳞飘鱼和麦穗鱼属于淡水鱼类，长江口口门处丰度很低，前颌间银鱼和矛尾鰕虎鱼是在河口地区产卵的海洋鱼类，稚鱼随水流降海生活。

Ⅱ沿岸型的组成物种：包括康氏小公鱼、鳀、有明银鱼、尖海龙、凤鲚、刀鲚等。康氏小公鱼在河口附近海域产卵，孵化后的稚鱼，喜群集于沿岸浅水；鳀在春季沿海岸北上，在秋季沿海岸南下，于适水温带进行产卵、索饵和洄游。

表 9.20 长江口秋季鱼类浮游生物名录和 CCA 分组

| 种类 | 拉丁名 | 缩写 | 生态类型 | 生态分组 | 各组物种的百分数（站位数） | | |
| --- | --- | --- | --- | --- | --- | --- | --- |
| | | | | | 河道组 | 近岸组 | 外海组 |
| 白氏银汉鱼 | Hypoatherina valenciennei | Hval | 沿岸 | — | | | 0.65（2） |
| 赤鼻棱鳀 | Thrissa kammalensis | Tkam | 沿岸 | Ⅲ | | 1.11（3） | 3.23（5） |
| 大黄鱼 | Larimichthys crocea | Lcro | 沿岸 | Ⅲ | | 0.56（2） | 3.23（6） |
| 带鱼 | Trichiurus lepturus | Tlep | 近海 | Ⅲ | 0.39（1） | 1.67（3） | 58.7（18） |
| 刀鲚 | Coilia nasus | Cnas | 河口 | Ⅱ | 0.39（1） | 0.84（3） | |
| 鲷科（未定种） | Sparidae gen. et sp. indet. | Spar | 近海 | — | | 0.28（1） | |
| 方氏云鳚 | Pholis fangi | Pfan | 沿岸 | — | | 0.28（1） | |
| 凤鲚 | Coilia mystus | Cmys | 河口 | Ⅱ | 0.79（1） | 2.79（4） | 0.32（1） |
| 寡鳞飘鱼 | Pseudolaubuca engraulis | Peng | 淡水 | Ⅰ | 2.36（3） | | |
| 红狼牙鰕虎鱼 | Odontamblyopus rubicundus | Orub | 半咸水 | — | | 0.28（1） | |
| 虎鲉 | Minous monodactylus | Mmon | 沿岸 | — | | | 0.65（1） |
| 花斑蛇鲻 | Saurida undosquamis | Sund | 近海 | — | | 0.28（1） | |
| 黄鲫 | Setipinna taty | Stat | 沿岸 | — | | 0.28（1） | |
| 尖海龙 | Syngnathus acus | Sacu | 近海 | Ⅱ | | 3.62（6） | |
| 康氏小公鱼 | Stolephorus commersonnii | Scom | 沿岸 | Ⅱ | | 23.40（9） | 4.84（8） |
| 龙头鱼 | Harpadon nehereus | Hneh | 沿岸 | Ⅲ | | 1.67（5） | 3.87（7） |
| 鲈鱼 | Lateolabrax japonicus | Ljap | 近海 | Ⅲ | | | 2.90（5） |
| 麦穗鱼 | Pseudorasbora parva | Ppar | 淡水 | Ⅰ | 11.42（6） | | |
| 矛尾鰕虎鱼 | Chaeturichthys stigmatias | Csti | 半咸水 | Ⅰ | 57.48（3） | 2.51（2） | |
| 美肩鳃鳚 | Omobranchus elegans | Oele | 沿岸 | — | | | |
| 七星底灯鱼 | Benthosema pterotum | Bpte | 近海 | Ⅲ | | 0.28（1） | 3.23（3） |
| 七星鳢 | Channa asiatica | Casi | 淡水 | | | 0.28（1） | 1.29（4） |
| 前颌间银鱼 | Salanx prognathus | Spro | 河口 | Ⅰ | 22.05（1） | 29.81（6） | |
| 青带小公鱼 | Stolephorus zollingeri | Szol | 沿岸 | Ⅲ | | | 0.65（2） |
| 犬牙细棘鰕虎鱼 | Acentrogobius caninus | Acan | 半咸水 | — | 0.39（1） | | |
| 日本黄姑鱼 | Argyrosomus japonicus | Ajap | 沿岸 | | | | 0.32（1） |
| 鳀 | Engraulis japonicus | Ejap | 近海 | Ⅱ | | 20.06（8） | 10.65（10） |
| 细条天竺鲷 | Apogon lineatus | Alin | 近海 | | | | 0.65（1） |
| 银飘鱼 | Pseudolaubuca sinensis | Psin | 淡水 | — | 2.36（3） | | |

续表

| 种类 | 拉丁学名 | 缩写 | 生态类型 | 生态分组 | 各组物种的百分数（站位数） | | |
|---|---|---|---|---|---|---|---|
| | | | | | 河道组 | 近岸组 | 外海组 |
| 有明银鱼 | *Salanx ariskensis* | *Sari* | 河口 | II | 2.36（1） | 8.64（7） | 1.29（4） |
| 中华鱵 | *Hyporhamphus limbatus* | *Hlim* | 半咸水 | — | | | 0.97（1） |
| 鮨科（未定种） | Callionymidae gen. et sp. indet. | *Call* | 近海 | — | | | 0.32（1） |
| 未定种 1 | Species1 | *Spe1* | | II | | | 2.26（2） |

注：Ⅰ. 河口型；Ⅱ. 沿岸组；Ⅲ. 近海组。

"—"表示该种为稀有种（这些物种不参加多元分析）。

　　Ⅲ近海型的组成物种：赤鼻棱鳀、大黄鱼、带鱼、龙头鱼、花鲈、七星底灯鱼、青带小公鱼，该群体分布在排序图的左上方，这些物种主要分布在盐度高、透明度大、营养盐低、水深较深的近海区域。带鱼是秋季鱼类浮游生物优势度较高的物种，它在东海区域的产卵期很长，一般以 4—6 月为主，其次是 9—11 月，并且在秋末冬初，鱼群由北向南沿 30~60 m 等深线进行越冬洄游。此类型种类在长江口鱼类浮游生物中最多，其鱼卵和仔稚鱼的适温范围较广、适盐性较强，在春季遍及海区，但其生态分布位于透明度较高的海域。

　　长江口的 3 个群聚组的环境因子有着明显的差异，鱼类浮游生物的分布随着从河口向近海区域的环境因子的改变而变化。从图 9.10 中可以看出，秋季鱼类浮游生物的群落分布格局主要是受悬浮物、盐度、叶绿素 a 和长江丰水季入海输沙量的影响，而水体溶解氧和水温对鱼类浮游生物的分布影响较小。其中，悬浮物和盐度是影响同一年度不同生态群组的分布的主要环境因子，而叶绿素 a 和长江丰水季入海输沙量是影响秋季鱼类浮游生物群落分布的年度变化的主要环境因子。

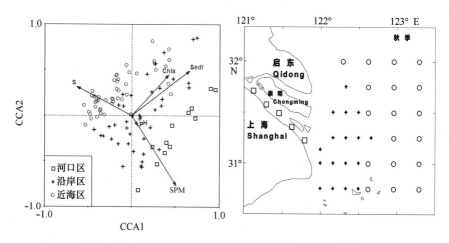

图 9.10　长江口秋季鱼类浮游生物群落站位 CCA 排序

## 9.6    与原预测的对比

（1）原预测：如果长江径流量明显减少，在一定程度上，将会影响特定水域某些鱼类的繁殖发育，进而引起种类组成和产卵场发生一定的变化。

本研究结果与原预测一致，2003—2007年春季长江口鱼类浮游生物的种类组成、丰度、优势种种类和数量、群落多样性等都呈现总体下降趋势；优势种的产卵场也在河道与外海之间交替变化。

（2）原预测：水域透明度等其他环境因子的改变未必有利于康氏小公鱼的繁殖发育。

实际监测结果显示，蓄水后，康氏小公鱼的丰度显著下降，产卵场范围明显变小，运行后，从2009年开始康氏小公鱼丰度开始逐步增加，产卵场位置有所扩大（图9.11）。可以看出，随三峡工程进程，康氏小公鱼补充量属上升趋势，这与环评报告预测不完全一致。

（3）原预测：三峡工程10月蓄水，长江径流减少，鳀的鱼卵和仔鱼分布区可能向近岸有所扩展。

研究显示，鳀的产卵场在2003—2007年有向近岸推进的趋势，尤其是在水库蓄水后2008—2012年，其分布范围向近岸扩大（图9.12），与预测完全一致。

（4）原预测指出，水库10月开始减少长江自然流量，必将不同程度地改变特定海域的某些自然生态环境条件，并且随着时间的推移亦将影响鱼类生态结构的变化。

对长江口鱼类补充资源的监测数据分析显示，三峡工程建设造成的河口环境变化带来鱼类浮游生物群落的响应，河口水体盐度和悬浮物成为影响鱼类浮游生物群落的重要环境因子，这与原预测一致，但预测更多关注水库径流调节对鱼类浮游生物群落的影响，对入海泥沙改变对生态结构的影响估计不足，监测结果显示三峡工程建设带来的入海输沙量变化直接影响鱼类浮游生物群落结构。但三峡工程建设对河口环境要素的影响程度目前尚未有明确结论，三峡工程对河口鱼类浮游生物的作用机制尚需深入研究。

## 9.7    小结

春季调查结果与环评报告书中的预测一致，蓄水后长江口鱼类浮游生物种类组成、优势种组成、丰度、群落多样性等都呈下降趋势；秋季调查结果表明蓄水后长江口鱼类浮游生物种类组成和优势种组成呈下降趋势，而丰度、群落多样性等呈上升趋势。

蓄水后，春季和秋季主要优势种的空间分布和产卵场也发生了一定程度的改变。蓄水后，水体盐度和悬浮物等环境因子的改变对鱼类浮游生物春季群落特征的影响最为显著；而叶绿素a和长江丰水季入海输沙量等是影响秋季鱼类浮游生物群落分布的主要环境因子。

蓄水后对环境敏感种类的丰度、空间分布范围等影响较小。

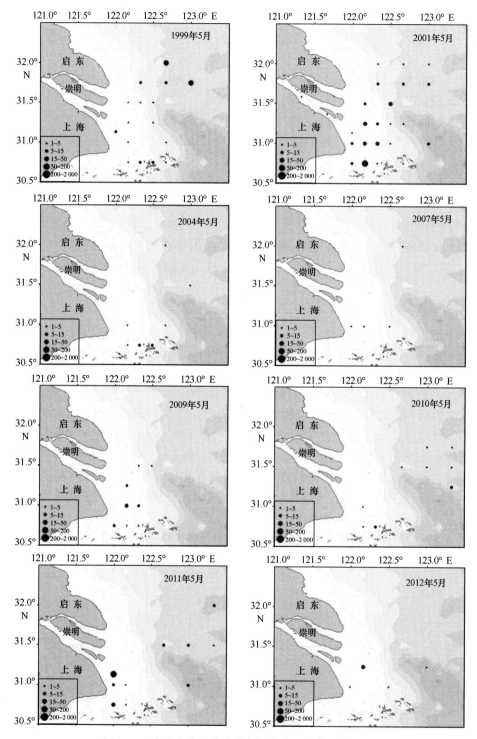

图 9.11　康氏小公鱼春季的空间分布（单位：个/网）

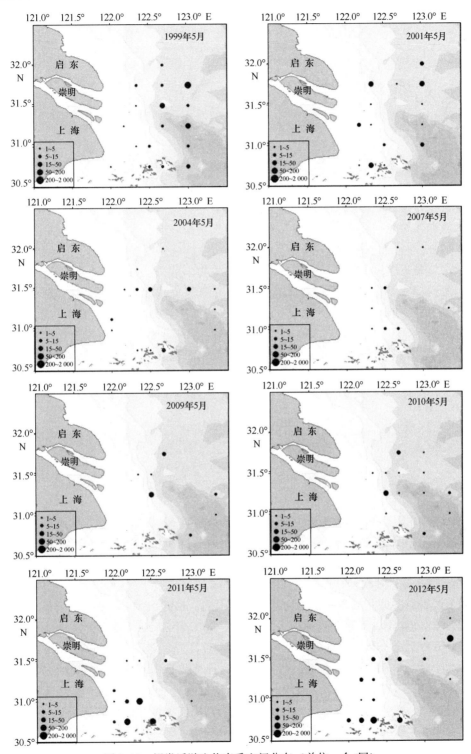

图 9.12　鳀类浮游生物春季空间分布（单位：个/网）

# 10  无脊椎动物资源

无脊椎动物在生态系统能量流动中处于重要地位，在捕食低营养级浮游动物和底栖生物的同时，无脊椎动物又被高营养级鱼类所捕食，其生物多样性特征与生态系统结构和功能密切相关。无脊椎动物作为海洋渔业资源的重要组成部分，其群落结构变化直接影响水域渔场功能。近年来，随着高营养级鱼类资源衰退，无脊椎动物对渔业资源的贡献逐步加强。

长江口是我国最大的河口渔场，渔业资源生物群落特征与邻近的舟山渔场、吕泗渔场及东海渔场密切相关。长江口无脊椎动物资源久负盛名，如三疣梭子蟹（*Portunus trituberculatus*）和曼氏无针乌贼（*Sepiella maindroni*）等是传统渔业捕捞对象，具较高的经济价值。本章根据 1998—2012 年长江口渔业资源监测中无脊椎动物长期调查资料，探讨长江口及其邻近海域无脊椎动物群落结构及其时空变化特征，解析河口无脊椎动物多样性变异机制，以期为长江口生物资源管理和可持续利用提供科学依据。

## 10.1  春季无脊椎动物群落特征

### 10.1.1  种类组成

1998—2012 年 8 个春季航次共捕获无脊椎动物 41 种（表 10.1），隶属 6 纲 10 目 23 科。其中，甲壳动物 2 目 12 科 26 种，软体动物 7 目 9 科 13 种，棘皮动物 1 目 1 科 1 种，环节动物 1 目 1 科 1 种。可以看出，长江口及邻近海域无脊椎动物以甲壳动物种类数量占绝对优势，其次是软体动物。

8 个调查航次捕获的无脊椎动物种类数量不同：1999 年和 2001 年种类最多（28 种和 27 种），2004 年种类数量迅速减少（6 种），2007 年和 2009 年有所恢复（15 种和 13 种），2010 年后种类数量继续回升。可以看出，长江口及邻近海域无脊椎动物种类数量处于波动状态，1999—2012 年间，无脊椎动物种类数量由最高下降至最低水平，2007 年后逐步回升。8 个调查航次均出现的无脊椎动物有 4 种，分别为日本枪乌贼（*Loligo japonica*）、鹰爪虾（*Trachypenaeus curvirostris*）、三疣梭子蟹和口虾蛄（*Oratosquilla oratoria*），说明这 4 种无脊椎动物为春季长江口常见种类。

表 10.1　春季长江口及邻近海域无脊椎动物种类组成

| | 1999 年 | 2001 年 | 2004 年 | 2007 年 | 2009 年 | 2010 年 | 2011 年 | 2012 年 |
|---|---|---|---|---|---|---|---|---|
| **环节动物门 Annelida** | | | | | | | | |
| **小头虫科 Capitellidae** | | | | | | | | |
| 丝异须虫 *Heteromastus filiforms* | | | | | | | | * |
| **软体动物门 Mollusca** | | | | | | | | |
| **象牙贝目 Dentalioida** | | | | | | | | |
| **象牙贝科 Dentaliidae** | | | | | | | | |
| 角贝 *Dentalium* spp. | | * | | | | | | |
| **新腹足目 Neogastropoda** | | | | | | | | |
| **骨螺科 Muricidae** | | | | | | | | |
| 脉红螺 *Rapana venosa* | | * | | | | | | |
| **狭舌目 Stenoglossa** | | | | | | | | |
| **塔螺科 Turridae** | | | | | | | | |
| 细肋蕾螺 *Gemmula deshayesii* | * | * | | | | | | |
| **背楯目 Notaspidea** | | | | | | | | |
| **片鳃海牛科 Arminidae** | | | | | | | | |
| 微点舌片鳃海牛 *Armina babai* | * | | | | | | | |
| **八腕目 Octopoda** | | | | | | | | |
| **章鱼科 Octopodidae** | | | | | | | | |
| 短蛸 *Octopus ocellatus* | | * | | * | | * | * | * |
| 长蛸 *O. variabilis* | * | * | | * | | * | | * |
| **枪形目 Enoploteuthidae** | | | | | | | | |
| **柔鱼科 Ommastrephidae** | | | | | | | | |
| 太平洋褶柔鱼 *Todarodes pacificus* | | | | | | | | * |
| **枪乌贼科 Loliginidae** | | | | | | | | |
| 剑尖枪乌贼 *Loligo edulis* | * | | | | * | | * | |
| 日本枪乌贼 *L. japonica* | * | * | * | * | * | * | * | * |
| **乌贼目 Sepioidea** | | | | | | | | |
| **耳乌贼科 Sepiolidae** | | | | | | | | |
| 四盘耳乌贼 *Euprymna morsei* | | | | | | | * | |
| 双喙耳乌贼 *Sepiola birostrat* | * | * | | | | * | | * |
| **乌贼科 Sepiidae** | | | | | | | | |
| 金乌贼 *Sepia esculenta* | | | | * | | * | * | |
| 曼氏无针乌贼 *Sepiella maindroni* | | | | * | * | * | * | |

续表

| | 1999 年 | 2001 年 | 2004 年 | 2007 年 | 2009 年 | 2010 年 | 2011 年 | 2012 年 |
|---|---|---|---|---|---|---|---|---|
| **节肢动物门 Arthropoda** | | | | | | | | |
| **十足目 Decapoda** | | | | | | | | |
| **对虾科 Penaeidae** | | | | | | | | |
| 周氏新对虾 Metapenaeus joyneri | * | * | | * | * | * | * | * |
| 鹰爪虾 Trachypenaeus curvirostris | * | * | * | * | * | * | * | * |
| 哈氏仿对虾 Parapenaeopsis hardwickii | | * | | | | | | |
| 细巧仿对虾 P. tenella | * | * | | | | * | | |
| 戴氏赤虾 Metapenaeopsis dalei | * | * | | | | * | | |
| 中华管鞭虾 Solenocera crassicornis | * | * | | * | * | | * | * |
| **樱虾科 Sergestidae** | | | | | | | | |
| 中国毛虾 Acetes chinensis | * | * | | | | | | |
| **玻璃虾科 Pasiphaeidae** | | | | | | | | |
| 细螯虾 Leptochela gracilis | * | * | | | | | | |
| **鼓虾科 Alphidae** | | | | | | | | |
| 鲜明鼓虾 Alpheus distinguendus | * | * | | | | * | | * |
| 日本鼓虾 A. japonicas | * | * | | | | | * | * |
| **藻虾科 Hippolytidae** | | | | | | | | |
| 鞭腕虾 Hippolysmata vittata | * | * | | * | | * | * | |
| 长足七腕虾 Heptacarpus ractirostrs | * | | | | | | | |
| **长臂虾科 Palaemonidae** | | | | | | | | |
| 安氏白虾 Exopalaemon annandalei | | | | | * | | * | |
| 秀丽白虾 E. modestus | | * | | | | | | |
| 葛氏长臂虾 Palaemon gravieri | * | * | * | | * | * | * | * |
| **褐虾科 Crangonidae** | | | | | | | | |
| 脊腹褐虾 Crangon affinis | * | | | * | * | * | * | * |
| **绵蟹科 Dromiidae** | | | | | | | | |
| 绵蟹 Dromia dehanni | * | * | | | | | | |
| **关公蟹科 Dorippidae** | | | | | | | | |
| 日本关公蟹 Dorippe japonica | * | | | | | | | |
| **馒头蟹科 Calappidae** | | | | | | | | |
| 逍遥馒头蟹 Calappa philargius | | | * | | | | | |
| **梭子蟹科 Portunidae** | | | | | | | | |
| 细点圆趾蟹 Ovalipes punctatus | * | * | | * | | | * | * |
| 三疣梭子蟹 Portunus trituberculatus | * | * | * | * | * | * | * | * |

续表

| | 1999 年 | 2001 年 | 2004 年 | 2007 年 | 2009 年 | 2010 年 | 2011 年 | 2012 年 |
|---|---|---|---|---|---|---|---|---|
| 红星梭子蟹 *P. sanguinolentus* | | * | | | * | * | * | |
| 纤手梭子蟹 *P. gracilimanus* | | * | | | | | | |
| 日本蟳 *Charybdis japonica* | * | * | | | | * | * | |
| 双斑蟳 *C. bimaculata* | * | * | | * | * | * | * | * |
| **口足目 Stomatopoda** | | | | | | | | |
| **虾蛄科 Squillidae** | | | | | | | | |
| 口虾蛄 *Oratosquilla oratoria* | * | * | * | * | * | * | * | * |
| **棘皮动物门 Echinodermata** | | | | | | | | |
| **拱齿目 Camarodonta** | | | | | | | | |
| **球海胆科 Strongylocentrotidae** | | | | | | | | |
| 马粪海胆 *Hemicentrotus pulcherrimus* | * | | | | | | | |

## 10.1.2　优势种组成

表 10.2 显示了长江口及邻近海域春季各航次的优势种组成，可以看出，日本枪乌贼、三疣梭子蟹、葛氏长臂虾（*Palaemon gravieri*）和鹰爪虾是长江口水域无脊椎动物的重要优势种类。

1999 年春季，长江口无脊椎动物优势种为日本枪乌贼和葛氏长臂虾。2001 年，日本枪乌贼和葛氏长臂虾继续保持其优势地位，三疣梭子蟹和细巧仿对虾（*Parapenaeopsis tenella*）成为优势种。2004 年，日本枪乌贼占绝对优势地位，其他种类优势度迅速下降。2007 年，除日本枪乌贼外，三疣梭子蟹和鞭腕虾（*Hippolysmata vittata*）成为优势种类。2009 年，剑尖枪乌贼（*Loligo edulis*）优势度最高。2010 年，蟹类优势度上升，三疣梭子蟹和红星梭子蟹（*Portunus sanguinolentus*）成为优势种类。2011 年，日本枪乌贼和三疣梭子蟹保持其优势地位，葛氏长臂虾和鹰爪虾优势度显著回升。2012 年，日本枪乌贼优势度迅速下降，优势种组成包括两种虾类和两种蟹类。可以看出，春季长江口无脊椎动物优势种年际间存在演替现象，除日本枪乌贼在多数年份为优势种外，其他种类优势度年际间变化显著。

**表 10.2　春季长江口无脊椎动物优势种**

| 优势种 | IRI 指数 | | | | | | | |
|---|---|---|---|---|---|---|---|---|
| | 1999 年 | 2001 年 | 2004 年 | 2007 年 | 2009 年 | 2010 年 | 2011 年 | 2012 年 |
| 日本枪乌贼 *Loligo japonica* | 2 325.12 | 1 837.36 | 10 771.45 | 5 068.75 | 1 498.7 | 8 592.64 | 4 405.2 | 51.1 |
| 三疣梭子蟹 *Portunus trituberculatus* | 504.1 | 1 477.5 | 524.52 | 2 539.17 | 386.3 | 2 751.48 | 2 389.23 | 1 087.91 |
| 葛氏长臂虾 *Palaemon gravieri* | 7 666.02 | 1 220.41 | 295.5 | | 1.84 | 641.43 | 4 004.96 | 1 859.62 |
| 鹰爪虾 *Trachypenaeus curvirostris* | 21.38 | 514.88 | 871.42 | 62.8 | 1 357.33 | 1 057 | 2 637.39 | 470.61 |

| 优势种 | IRI 指数 | | | | | | | |
|---|---|---|---|---|---|---|---|---|
| | 1999 年 | 2001 年 | 2004 年 | 2007 年 | 2009 年 | 2010 年 | 2011 年 | 2012 年 |
| 脊腹褐虾 Crangon affinis | 37.23 | | | 1.77 | 0.1 | 197.4 | 325.02 | 8 049.46 |
| 细点圆趾蟹 Ovalipes punctatus | 15.4 | 204.23 | | 7.35 | | | 160.96 | 3 615.75 |
| 红星梭子蟹 Portunus sanguinolentus | | 5.18 | | 430.39 | 432.49 | 1 003.69 | | |
| 剑尖枪乌贼 Loligo edulis | | | | | 8 233.6 | | 44.55 | |
| 细巧仿对虾 Parapenaeopsis tenella | 10.97 | 1 365.32 | | | | 0.12 | | |
| 鞭腕虾 Hippolysmata vittata | 5.92 | 19.2 | | 1 224.32 | | 2.27 | 1.53 | |

注：空白处为当年未捕获。

### 10.1.3　丰度和空间分布

1999—2012 年春季长江口及其邻近海域无脊椎动物丰度的空间分布如图 10.1 所示，整体呈现出调查海域北部较高、南部较低的趋势。2007 年、2009 年和 2011 年呈现出近岸较低、远海较高的趋势，其他年份没有出现近岸远海明显的变化趋势。

图 10.2 显示了无脊椎动物生物量的空间分布情况。可以看出，生物量较高的站点多分布在调查海域的北部，除 2007 年 27 站、2010 年 19 站外，调查海域南部没有出现生物量大于 100 kg/km² 的站点。2004 年、2007 年和 2012 年生物量的空间分布呈现明显的从近岸到远海增加的趋势，其他年份则不明显。

### 10.1.4　群落多样性

图 10.3 表示春季无脊椎动物种类丰富度（D 值）的空间分布情况。可以看出，不同年份种类丰富度的空间分布存在较大变异，高值区和低值区在不同年份所处的地理位置不同。其中，1999 年东南部值较高，北部存在低值区；2001 年西北部和中东部存在高值区，中西部和东北部存在低值区；2004 年西部和北部值相对较高，东部值很低；2007 年北部值较高，南部和东部值较低；2009 年西南部值较高，东部和北部较低；2010 年南部和西部存在高值区，东部值较低；2011 年北部值较高，南部值较低；2012 年南部和北部分别存在高值区，东北部值较低。

图 10.4 表示 Shannon-Wiener 指数 $H'_n$ 的空间分布情况。可以看出，不同年份 $H'_n$ 的空间分布存在较大差异，其高值区和低值区地理位置不同。1999 年调查海域东南部和东北部存在高值区，中部存在低值区。2001 年西北部和东南部存在高值区，中东部和西南部存在低值区。2004 年西部相对较高，东部较低。2007 年西北部和中东部值相对较高，东南部和东北部较低。2009 年中部值较高，东部值较低。2010 年南部存在高值区，东北部值较低。2011 年中北部值较高，东南部较低。2012 年中南部和中北部存在高值区，中东部和西南部较低。

图 10.5 表示 Shannon-Wiener 指数 $H'_w$ 的空间分布情况。可以看出，相同年份 $H'_w$ 的空间分布与 $H'_n$ 基本一致。不同年份高值区和低值区地理位置不同。1999 年在东南

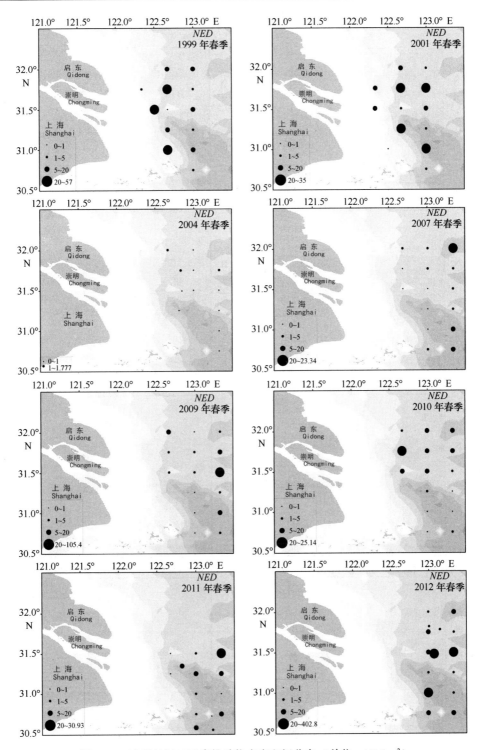

图 10.1 春季长江口无脊椎动物丰度空间分布（单位：kN/km²）

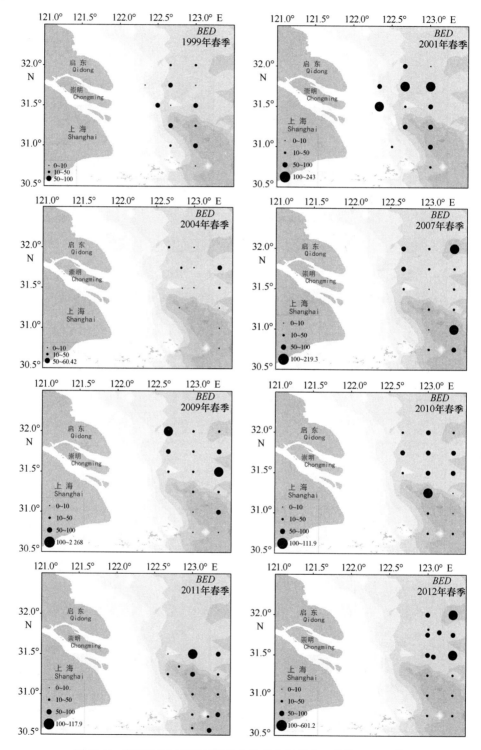

图 10.2　春季长江口无脊椎动物生物量空间分布（单位：kg/km²）

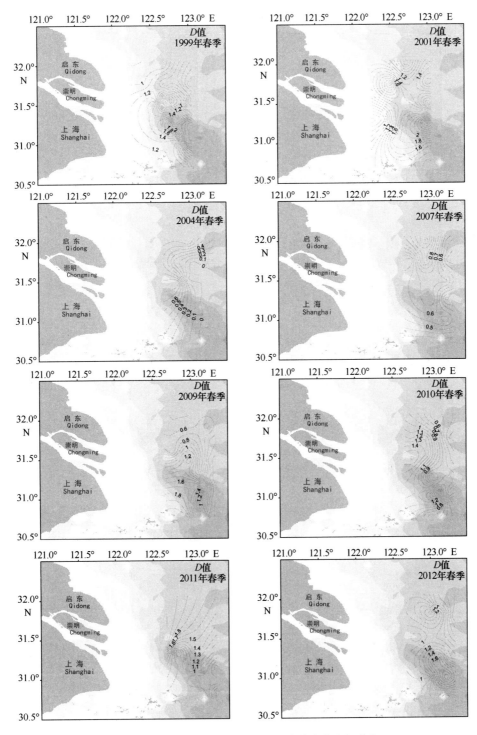

图10.3　春季长江口无脊椎动物种类丰富度空间分布

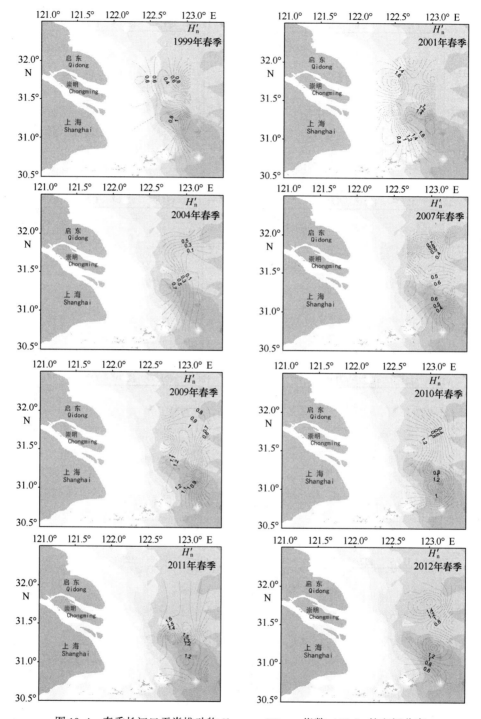

图 10.4　春季长江口无脊椎动物 Shannon-Wiener 指数（$H'_n$）的空间分布

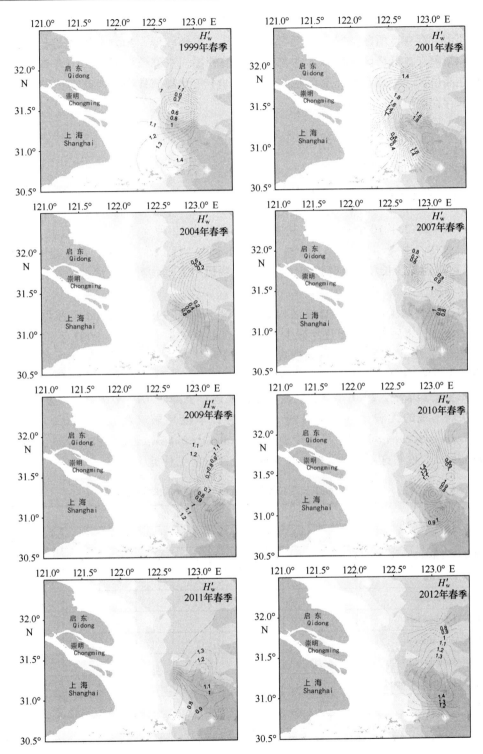

图 10.5 春季长江口无脊椎动物 Shannon-Wiener 指数（$H'_w$）空间分布

部和东北部存在高值区，中部存在低值区。2001 年中北部和东南部存在高值区，中东部和西南部存在低值区。2004 年西部相对较高，东部较低。2007 年西南部值较高，西北部和东部存在低值区。2009 年中部和西部值较高，东值较低。2010 年南部和西北部存在高值区，中部和东北部存在低值区。2011 年北部值较高，西南部较低。2012 年中南部存在高值区，北部较低。

## 10.2　秋季无脊椎动物群落特征

### 10.2.1　种类组成

1998—2012 年 10 个秋季航次共捕获无脊椎动物 52 种（表 10.3），隶属 5 纲 10 目 25 科。其中，甲壳动物 2 目 12 科 34 种，软体动物 7 目 12 科 17 种，棘皮动物 1 目 1 科 1 种。可以看出，长江口及邻近海域无脊椎动物以甲壳动物种类数量占绝对优势，其次是软体动物。

10 个调查航次捕获的无脊椎动物种类数量不同：1998 年和 2000 年种类最多（35 种和 27 种），之后种类数量逐年减少，其中 2004 年最少（11 种），2007 年和 2009 年有所恢复（17 种和 16 种），之后继续减少，2012 年又有所恢复。可以看出，长江口及邻近海域无脊椎动物种类数量处于波动状态，1998—2012 年，无脊椎动物种类数量由最高下降至最低水平，2007 年有所恢复，之后又逐年下降，2012 年又有所恢复。10 个调查航次均出现的无脊椎动物有 4 种，分别为日本枪乌贼（*Loligo japonica*）、鹰爪虾（*Trachypenaeus curvirostris*）、三疣梭子蟹（*Portunus trituberculatus*）和双斑蟳（*Charybdis bimaculata*），说明这 4 种无脊椎动物为秋季长江口常见种类。

**表 10.3　秋季长江口及其邻近海域无脊椎动物种类组成**

| 无脊椎动物种类 | 年份 | | | | | | | | | |
|---|---|---|---|---|---|---|---|---|---|---|
| | 1998 | 2000 | 2002 | 2003 | 2004 | 2007 | 2009 | 2010 | 2011 | 2012 |
| **软体动物门 Mollusca** | | | | | | | | | | |
| **双壳纲 Bivalvia** | | | | | | | | | | |
| **帘蛤目 Veneroida** | | | | | | | | | | |
| **长竹蛏科 Solenidae** | | | | | | | | | | |
| 长竹蛏 *Solen strictus* | | | | | | | | * | | |
| **腹足纲 Gastropoda** | | | | | | | | | | |
| **中腹足目 Mesogastropoda** | | | | | | | | | | |
| **玉螺科 Naticidae** | | | | | | | | | | |
| 乳头真玉螺 *Eunaticina papilla* | | | | | | | * | | | |

| 无脊椎动物种类 | 年份 | | | | | | | | | |
|---|---|---|---|---|---|---|---|---|---|---|
| | 1998 | 2000 | 2002 | 2003 | 2004 | 2007 | 2009 | 2010 | 2011 | 2012 |
| **新腹足目 Neogastropoda** | | | | | | | | | | |
| **骨螺科 Muricidae** | | | | | | | | | | |
| 脉红螺 *Rapana venosa* | * | | | | | * | | | | |
| **香螺科 Melongenidae** | | | | | | | | | | |
| 香螺 *Hemifusus tuba* | * | | | | | | | | | |
| **笋螺科 Terebridae** | | | | | | | | | | |
| 朝鲜笋螺 *Terebra koreana* | | | | | | | * | | | |
| **背楯目 Notaspidea** | | | | | | | | | | |
| **片鳃海牛科 Arminidae** | | | | | | | | | | |
| 微点舌片鳃海牛 *Armina babai* | * | * | * | * | | | | | | |
| **头足纲 Cephalopoda** | | | | | | | | | | |
| **八腕目 Octopoda** | | | | | | | | | | |
| **章鱼科 Octopodidae** | | | | | | | | | | |
| 短蛸 *Octopus ocellatus* | * | * | * | | | * | * | * | | * |
| 长蛸 *O. variabilis* | | | | | | | * | | | |
| 真蛸 *O. vulgaris* | * | * | | | | | | | | |
| **船蛸科 Argonautidae** | | | | | | | | | | |
| 锦葵船蛸 *Argonauta hians* | | | | | | | * | | | * |
| **枪形目 Enoploteuthidae** | | | | | | | | | | |
| **柔鱼科 Ommastrephidae** | | | | | | | | | | |
| 太平洋褶柔鱼 *Todarodes pacificus* | | | * | | | | | * | | * |
| **枪乌贼科 Loliginidae** | | | | | | | | | | |
| 剑尖枪乌贼 *Loligo edulis* | * | | | | | * | | | | |
| 日本枪乌贼 *L. japonica* | * | * | * | * | * | * | * | * | * | * |
| **乌贼目 Sepioidea** | | | | | | | | | | |
| **耳乌贼科 Sepiolidae** | | | | | | | | | | |
| 四盘耳乌贼 *Euprymna morsei* | | * | * | | * | | | * | * | |
| 双喙耳乌贼 *Sepiola birostrat* | * | | * | * | | | | | * | |
| **乌贼科 Sepiidae** | | | | | | | | | | |
| 金乌贼 *Sepia esculenta* | * | * | | | | | | | | |

续表

| 无脊椎动物种类 | 年份 | | | | | | | | | |
|---|---|---|---|---|---|---|---|---|---|---|
| | 1998 | 2000 | 2002 | 2003 | 2004 | 2007 | 2009 | 2010 | 2011 | 2012 |
| 曼氏无针乌贼 Sepiella maindroni | * | | | * | | * | * | * | | * |
| **节肢动物门 Arthropoda** | | | | | | | | | | |
| **甲壳纲 Crustacean** | | | | | | | | | | |
| **十足目 Decapoda** | | | | | | | | | | |
| **对虾科 Penaeidae** | | | | | | | | | | |
| 周氏新对虾 Metapenaeus joyneri | * | * | | * | | | | * | | * |
| 鹰爪虾 Trachypenaeus curvirostris | * | * | * | * | * | * | * | * | * | * |
| 哈氏仿对虾 Parapenaeopsis hardwickii | * | * | * | | | * | | | | |
| 细巧仿对虾 P. tenella | * | * | * | * | | | | | | |
| 戴氏赤虾 Metapenaeopsis dalei | * | * | * | * | * | | | | | |
| 中华管鞭虾 Solenocera crassicornis | * | * | * | | | * | * | * | * | * |
| 日本对虾 Marsupenaeus japonicas | | * | | | | * | | | | * |
| 斑节对虾 Penaeus monodon | | | | * | | | | * | | * |
| **樱虾科 Sergestidae** | | | | | | | | | | |
| 中国毛虾 Acetes chinensis | * | * | * | * | * | * | | | | |
| **玻璃虾科 Pasiphaeidae** | | | | | | | | | | |
| 细螯虾 Leptochela gracilis | * | * | * | | | | | | | |
| **鼓虾科 Alphidae** | | | | | | | | | | |
| 鲜明鼓虾 Alpheus distinguendus | | * | * | * | | | | | | |
| 日本鼓虾 A. japonicas | | * | | | | | | | * | |
| **藻虾科 Hippolytidae** | | | | | | | | | | |
| 鞭腕虾 Hippolysmata vittata | * | * | | * | | | | | * | |
| **长臂虾科 Palaemonidae** | | | | | | | | | | |
| 脊尾白虾 Exopalaemon carinicauda | * | | * | | | | | | | |
| 安氏白虾 E. annandalei | | | * | | | | | | | |
| 秀丽白虾 E. modestus | | | | | * | | | | | |
| 葛氏长臂虾 Palaemon gravieri | * | * | * | | * | * | | | * | * |
| **褐虾科 Crangonidae** | | | | | | | | | | |
| 圆腹褐虾 Crangon cassiope | | | | * | | | | | | |
| 脊腹褐虾 C. affinis | | | | * | | | | | | |
| **绵蟹科 Dromiidae** | | | | | | | | | | |

续表

| 无脊椎动物种类 | 年份 | | | | | | | | | |
| --- | --- | --- | --- | --- | --- | --- | --- | --- | --- | --- |
| | 1998 | 2000 | 2002 | 2003 | 2004 | 2007 | 2009 | 2010 | 2011 | 2012 |
| 绵蟹 *Dromia dehanni* | * | | | | | | | | | |
| **馒头蟹科 Calappidae** | | | | | | | | | | |
| 逍遥馒头蟹 *Calappa philargius* | * | | | | | | | | | |
| 红线黎明蟹 *Matuta planipes* | * | * | | * | | | | | | * |
| **长脚蟹科 Goneplacidae** | | | | | | | | | | |
| 隆线强蟹 *Eucrate crenata* | * | | | | | | | | | |
| 长手隆背蟹 *Carcinoplax longimana* | | | | | * | | | | | |
| **梭子蟹科 Portunidae** | | | | | | | | | | |
| 细点圆趾蟹 *Ovalipes punctatus* | * | * | * | * | | * | * | | * | * |
| 三疣梭子蟹 *Portunus trituberculatus* | * | * | * | * | * | * | * | * | * | * |
| 红星梭子蟹 *P. sanguinolentus* | * | * | * | * | * | * | * | * | | * |
| 纤手梭子蟹 *P. gracilimanus* | * | * | | | | | | | | |
| 细足梭子蟹 *P. tenuipes* | * | | | | | | | | | |
| 矛形梭子蟹 *P. hastatoides* | * | | | | | | | | | |
| 日本蟳 *Charybdis japonica* | * | * | * | | * | * | * | * | * | * |
| 双斑蟳 *C. bimaculata* | * | * | * | * | * | * | * | * | * | * |
| 锈斑蟳 *C. feriatus* | | | | | | | * | | | |
| **口足目 Stomatopoda** | | | | | | | | | | |
| **虾蛄科 Squillidae** | | | | | | | | | | |
| 口虾蛄 *Oratosquilla oratoria* | * | * | * | * | | * | * | * | * | * |
| **棘皮动物门 Echinodermata** | | | | | | | | | | |
| **海胆纲 Echinoidea** | | | | | | | | | | |
| **拱齿目 Camarodonta** | | | | | | | | | | |
| **球海胆科 Strongylocentrotidae** | | | | | | | | | | |
| 马粪海胆 *Hemicentrotus pulcherrimus* | * | | | | | | | | | |

## 10.2.2　优势种组成

表10.4显示了长江口及邻近海域秋季各航次优势种组成，可以看出，三疣梭子蟹、日本枪乌贼、双斑蟳和鹰爪虾是长江口无脊椎动物重要优势种类。

表 10.4　秋季长江口大型无脊椎动物优势种

| 优势种 | IRI 指数 | | | | | | | | | | |
|---|---|---|---|---|---|---|---|---|---|---|---|
| | 1998 年 | 2000 年 | 2002 年 | 2003 年 | 2004 年 | 2007 年 | 2009 年 | 2010 年 | 2011 年 | 2012 年 |
| 三疣梭子蟹 Portunus trituberculatus | 1 758.99 | 5 205.49 | 3 608.13 | 2 884.82 | 5 377.75 | 1 292.42 | 9 652.71 | 666.67 | 445.56 | 11 824.48 |
| 日本枪乌贼 Loligo japonica | 491.17 | 582.86 | 2 146.19 | 6 005.82 | 5 969.97 | 11 432.60 | 784.54 | 2 325.09 | 3 357.13 | 1 289.69 |
| 双斑蟳 Charybdis bimaculata | 3 994.40 | 878.26 | 2 040.66 | 1 492.74 | 598.32 | 517.41 | 304.59 | 1 507.07 | 1 942.45 | 94.42 |
| 鹰爪虾 Trachypenaeus curvirostris | 5.22 | 904.69 | 12.47 | 48.95 | 183.73 | 348.96 | 2 575.21 | 9 914.67 | 8 210.39 | 708.32 |
| 口虾蛄 Oratosquilla oratoria | 1 444.76 | 3 389.54 | 229.11 | 24.70 | | 16.95 | 390.09 | 0.04 | 112.68 | 862.79 |
| 中华管鞭虾 Solenocera crassicornis | 2 431.57 | 284.84 | 595.47 | 2.40 | | 18.35 | 157.42 | 1.26 | 0.79 | 195.99 |
| 葛氏长臂虾 Palaemon gravieri | 347.55 | 1 748.87 | 165.56 | | 214.87 | 132.87 | | | 98.69 | 24.67 |
| 细点圆趾蟹 Ovalipes punctatus | 1.42 | 200.13 | 10.76 | 0.42 | | 31.92 | 1.73 | | 1 263.26 | 2.84 |
| 红星梭子蟹 Portunus sanguinolentus | 95.04 | 523.52 | 77.03 | 167.74 | 270.83 | 13.62 | 1 165.46 | 662.89 | | 4.38 |

注：空白处为当年未捕获。

1998 年秋季长江口无脊椎动物优势种为双斑蟳、三疣梭子蟹、口虾蛄（*Oratosquilla oratoria*）和中华管鞭虾。2000 年，三疣梭子蟹和口虾蛄继续保持其优势地位，葛氏长臂虾（*Palaemon gravieri*）成为优势种。2002—2003 年三疣梭子蟹、日本枪乌贼和双斑蟳为优势种。2004—2007 年三疣梭子蟹和日本枪乌贼继续保持优势地位，其中日本枪乌贼在 2007 年成为绝对优势种，其他种类优势度迅速下降。2009 年三疣梭子蟹继续保持优势地位，鹰爪虾和红星梭子蟹（*Portunus sanguinolentus*）首次成为优势种。2010 年，鹰爪虾优势度上升，日本枪乌贼和双斑蟳成为优势种类。2011 年，鹰爪虾、日本枪乌贼和双斑蟳保持其优势地位，细点圆趾蟹（*Ovalipes punctatus*）首次成为优势种。2012 年三疣梭子蟹优势度迅速上升，占绝对优势地位，优势种还包括日本枪乌贼。可以看出，秋季长江口无脊椎动物优势种年际间存在演替现象，除三疣梭子蟹和日本枪乌贼在多数年份均为优势种外，其他种类优势度年际间变化显著。

## 10. 2. 3　丰度和空间分布

无脊椎动物丰度和生物量年际波动趋势不完全一致。1998 年长江口无脊椎动物丰度最高（211.1 kN/km²），2004 年降至最低水平（2.18 kN/km²），2010 年和 2011 年有所回升，2012 年继续下降（2.86 kN/km²）。1998 年长江口无脊椎动物生物量最高（704.05 kg/km²），2003 年最低（26.32 kg/km²），2007—2011 年逐渐恢复，但仍显著低于 1998 年。可以看出，相对于生物量，长江口无脊椎动物丰度年际变异程度更大。

秋季长江口及其邻近海域无脊椎动物丰度的空间分布情况如图 10.6 所示。可以看出，1998 年、2000 年、2002 年和 2007 年丰度呈现明显的从近岸到远海增加的趋势，而 2003 年、2004 年和 2009 年相反，丰度从近岸到远海呈现减少的趋势。除 2007 年和 2009 年调查海域呈现南部高、北部低的趋势外，其余年份南北无明显的分布趋势。

秋季长江口及其邻近海域无脊椎动物生物量的空间分布情况如图 10.7 所示。可以看出，与丰度的分布趋势一致，1998 年、2000 年、2002 年和 2007 年生物量亦呈现明显的从近岸到远海增加的趋势，而 2004 年和 2009 年呈现从近岸到远海减少的趋势。2010 年呈南部高、北部低的趋势。2012 年则相反，南部相对较低、北部较高。

## 10. 2. 4　群落多样性

秋季无脊椎动物种类丰富度（*D* 值）的空间分布情况如图 10.8 所示。可以看出，不同年份种类丰富度的空间分布存在较大变异，高值区和低值区在不同年份所处的地理位置不同。1998 年西北部存在高值区，东北部和南部存在低值区。2000 年西北部和中部存在高值区，西南部存在低值区。2002 年东北部、中南部和西部存在高值区，中北部和南部存在低值区。2003 年南部值较高，等值线较密集，北部值较低。2004 年中部和北部值较低，西部值较高。2007 年东部存在低值区，西南部存在高值区。2009 年东北部存在高值区，西北部和南部值较低。2010 年东部值较高，西部较低，中部出现明显的低值区。2011 年东南部出现高值区，其他区域相对较低。2012 年东南部和东北部分别出现高值区，中部出现低值区。

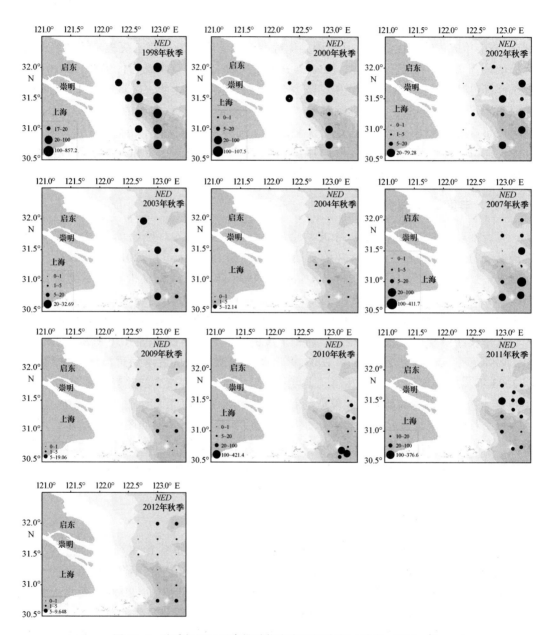

图 10.6　秋季长江口无脊椎动物丰度空间分布（单位：kN/km²）

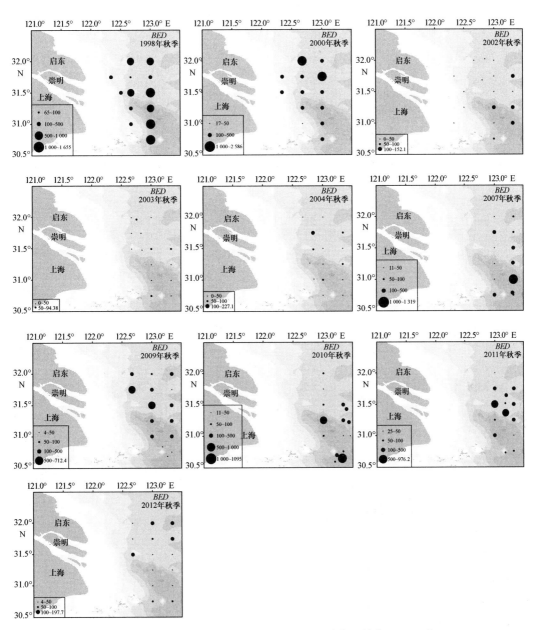

图 10.7　秋季长江口无脊椎动物生物量空间分布（单位：kg/km²）

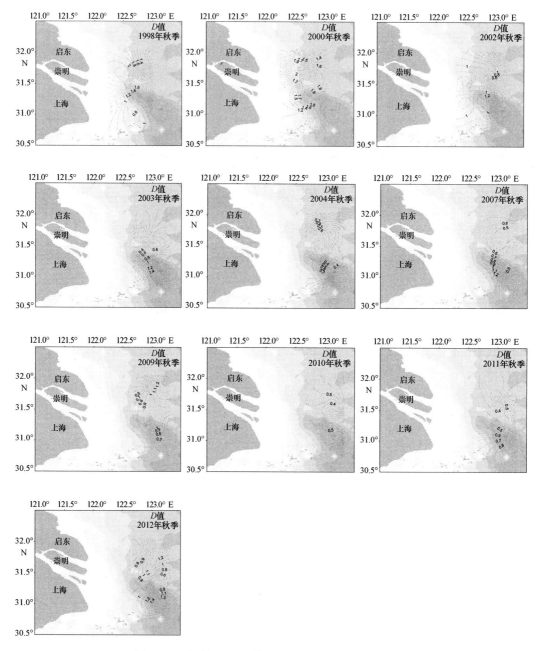

图 10.8 秋季长江口无脊椎动物种类丰富度空间分布

图 10.9 显示了 Shannon-Wiener 指数 $H'_n$ 的空间分布情况。可以看出，不同年份 $H'_n$ 的空间分布存在较大差异，其高值区和低值区地理位置不同，没有明显的规律。1998 年在西北部和中东部存在高值区，东北部和西南部出现低值区，即在调查海域北部，自西向东 $H'_n$ 值不断下降，而在调查海域南部，自西向东 $H'_n$ 值呈上升趋势。2000 年在北部和中部出现两个高值区，在西部和南部出现两个低值区。2002 年在北部和中南部出现 3 个高值区，在东部、西南部和东南部出现 3 个低值区。2003 年在北部和南部分别存在两个高值区，中部存在 1 个低值区。2004 年在北部存在高值区，南部自西向东 $H'_n$ 值不断下降。2007 年在西南部 $H'_n$ 值较高，其余海域较低。2009 年东北部 $H'_n$ 值较高，向其他海域递减。2010 年北部出现低值区，南部出现高值区。2011 年西南部 $H'_n$ 值较高，北部出现明显的低值区。2012 年在北部和东南部存在 3 个高值区，中东部存在 1 个低值区。

图 10.10 显示了 Shannon-Wiener 指数 $H'_w$ 的空间分布情况。可以看出，不同年份 $H'_w$ 的空间分布存在较大差异。1998 年东北部和西南部存在低值区，东南部存在高值区。2000 年在中东部存在高值区，其余海域呈递减趋势，其中西南部存在一个低值区。2002 年南部和北部出现两个高值区，西北部和中东部存在两个低值区。2003 年在中北部和东南部存在高值区，中南部和西部值较低。2004 年在西南部和东北部存在高值区，整体上从西南部向东北部呈递减趋势。2007 年在北部和东南部存在低值区，西南部值较高。2009 年在调查海域自西向东呈递增趋势，中东部存在低值区。2010 年在中部存在 1 个低值区。2011 年北部存在低值区，南部存在高值区。2012 年北部存在高值区，南部自西向东呈递增趋势。

# 10.3  三峡水库蓄水前后春季群落结构变化

## 10.3.1  丰度和多样性变化

春季长江口无脊椎动物群落多样性呈现出阶段性的波动特征。将 1999—2012 年划分为 3 个时段，即 1999—2001 年、2004—2007 年和 2009—2012 年，探讨长江口无脊椎动物多样性的长期变化。可以看出，3 个时段无脊椎动物多样性存在显著差异，1999—2001 年多样性最高，2004—2007 年最低，2009—2012 年显著回升，但种类丰富度、以生物量计的 Shannon-Wiener 指数未恢复至 1999—2001 年（表 10.5）。

**表 10.5  春季不同时段长江口无脊椎动物多样性指数（平均值±标准误差）**

| 时段 | 种类丰富度 | 丰度 | 生物量 | Shannon-Wiener 指数（$H'_n$） | Shannon-Wiener 指数（$H'_w$） |
|---|---|---|---|---|---|
| 1999—2001 年 | 1.43±0.12[A] | 14.25±3.01[A] | 61.17±10.5[A] | 1.06±0.11[A] | 1.24±0.11[A] |
| 2004—2007 年 | 0.44±0.06[B] | 2.64±1.0[B] | 31.96±9.01[B] | 0.39±0.07[B] | 0.55±0.09[B] |
| 2009—2012 年 | 0.95±0.06[C] | 14.73±6.97[C] | 92.22±38.95[A] | 0.89±0.06[A] | 0.95±0.05[C] |

注：上标不同代表数值之间存在显著性差异。

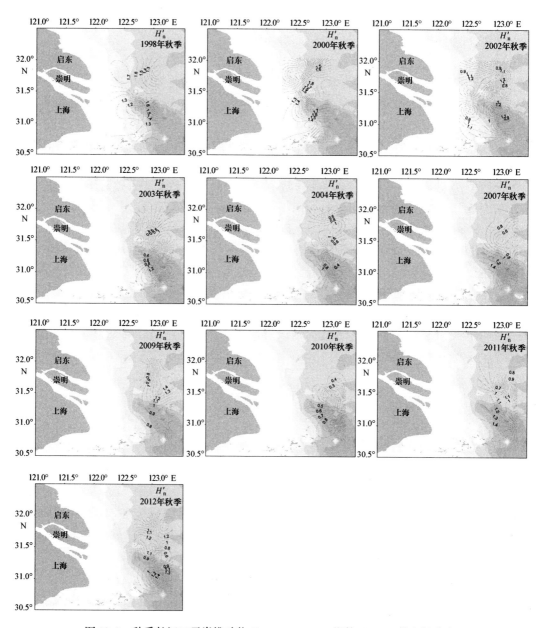

图 10.9　秋季长江口无脊椎动物 Shannon-Wiener 指数（$H'_n$）的空间分布

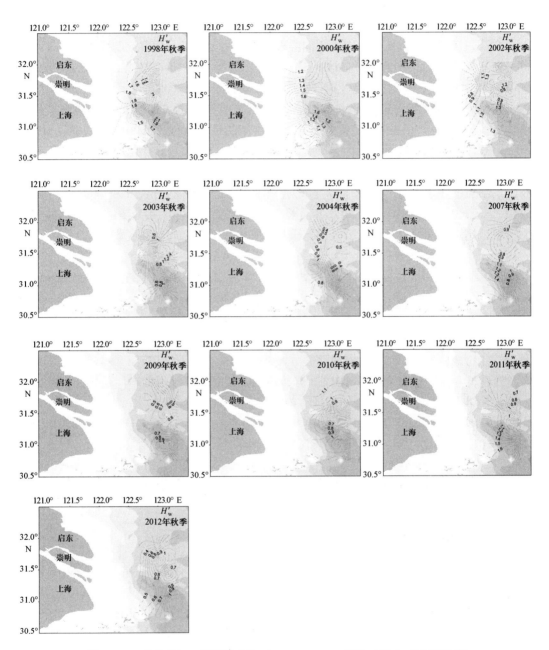

图 10.10　秋季长江口无脊椎动物 Shannon-Wiener 指数（$H'_w$）的空间分布

### 10.3.2　群落结构变化

1999—2012 年春季各航次无脊椎动物群聚结构如图 10.11 所示。可以看出，长江口无脊椎动物可划分为 2~3 个群聚。

在调查海域南部和北部分布有不同群聚。年度间无脊椎动物群聚的代表种类及其空间分布不完全一致。1999 年和 2001 年，葛氏长臂虾的分布不均造成群聚结构分化。2004 年和 2007 年，日本枪乌贼是群聚结构的主要代表种。2009 年为鹰爪虾分布决定群聚结构特征。2010 年、2011 年和 2012 年，葛氏长臂虾为长江口无脊椎动物群聚代表种，其他物种包括 2010 年的三疣梭子蟹、2011 年的日本枪乌贼和 2012 年的脊腹褐虾。

对长江口及其邻近海域 8 个春季航次的无脊椎动物丰度进行 NMDS 排序，辨析年度间无脊椎动物群落结构差异（图 10.12）。排序后压力系数为 0.19，说明 NMDS 的结果可用二维点图表示，有一定的解释意义。从图 10.12 中可以看出，1999 年与 2001 年、2004 年与 2007 年、2010 年与 2011 年重叠程度相对较高；2004 年和 2007 年站点分布相对分散，站点之间变异度较大，其他年份相对集中，站点之间变异度较小。

将 3 个时段（1999—2001 年，2004—2007 年和 2009—2012 年）无脊椎动物进行 NMDS 排序（图 10.13），可以发现 1999—2001 年和 2004—2007 年的排序位置区分较为明显，而 2009—2012 年与 1999—2001 年、2004—2007 年均有重叠区域。1999—2001 年站点分布相对集中，站点之间变异度较小。2004—2007 年站点分布较为分散，站点之间变异度较大。2009—2012 年恢复站点相对集中的趋势。ANOSIM 分析结果发现，相邻调查年份之间的群聚结构均有显著差异（$P<0.05$），表明长江口及其邻近海域无脊椎动物群落的年际间演替剧烈。SIMPER 分析表明，相邻调查年份的平均相异性指数中以 2001—2004 年最大，为 79.5%，2011—2012 年最小，为 58.23%。

可以看出，长江口无脊椎动物群落年际间存在演替现象。与 1999—2001 年和 2009—2012 年相比，2004—2007 年长江口无脊椎动物群落变异显著。

## 10.4　三峡水库蓄水前后秋季群落结构变化

### 10.4.1　丰度和多样性变化

秋季长江口无脊椎动物群落多样性呈现出阶段性的波动特征。将 1998—2012 年划分为 3 个时段，即 1998—2002 年、2003—2007 年和 2009—2012 年，探讨长江口无脊椎动物多样性的长期变化。可以看出，3 个时段无脊椎动物多样性存在显著差异，1998—2002 年多样性最高，2003—2007 年最低（除 $H'_w$ 外），2009—2012 年显著回升，但种类丰富度、丰度和 Shannon-Wiener 指数均未恢复至 1998—2002 年（表 10.6）。

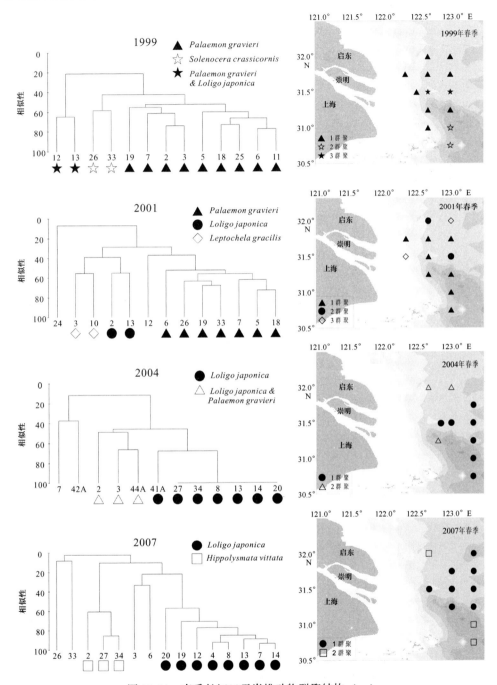

**图 10.11　春季长江口无脊椎动物群聚结构（一）**

*Palaemon gravieri*——葛氏长臂虾；*Solenocera crassicornis*——中华管鞭虾；Loligo japonica——日本枪乌贼；
Leptochela gracilis——细鳌虾；Hippolysmata vittata——鞭腕虾；Trachypenaeus curvirostris——鹰爪虾；
Loligo edulis——剑尖枪乌贼；Portunus trituberculatus——三疣梭子蟹；Crangon affinis——脊腹褐虾

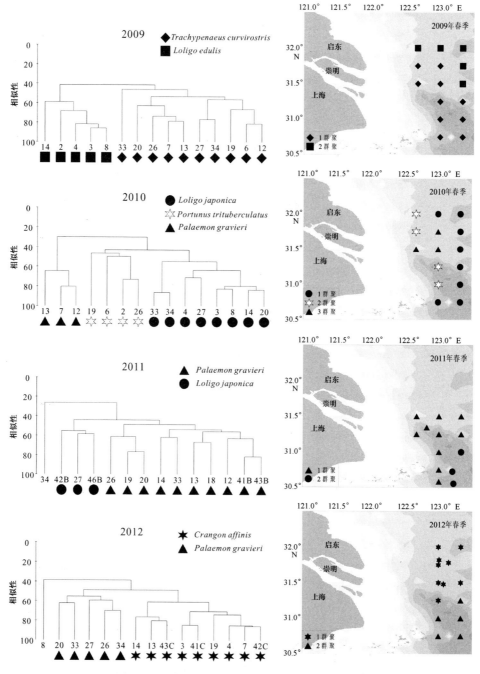

图 10.11　春季长江口无脊椎动物群聚结构（二）

*Palaemon gravieri*——葛氏长臂虾；*Solenocera crassicornis*——中华管鞭虾；*Loligo japonica*——日本枪乌贼；
*Leptochela gracilis*——细螯虾；*Hippolysmata vittata*——鞭腕虾；*Trachypenaeus curvirostris*——鹰爪虾；
*Loligo edulis*——剑尖枪乌贼；*Portunus trituberculatus*——三疣梭子蟹；*Crangon affinis*——脊腹褐虾

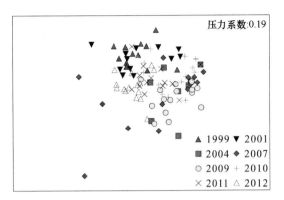

图 10.12 春季长江口无脊椎动物 NMDS 排序

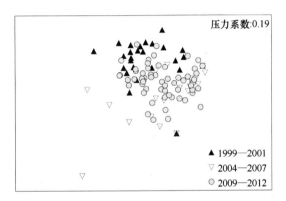

图 10.13 春季不同时段长江口无脊椎动物 NMDS 排序

表 10.6 不同时段秋季长江口无脊椎动物多样性指数 （平均值±标准误差）

| 时段 | 种类丰富度 | 丰度 | 生物量 | Shannon-Wiener 指数 （$H'_n$） | Shannon-Wiener 指数 （$H'_w$） |
|---|---|---|---|---|---|
| 1998—2002 年 | 1.29 ± 0.10[A] | 80.96 ± 24.31[A] | 374.96 ± 83.76[A] | 1.27 ± 0.08[A] | 0.65 ± 0.08[A] |
| 2003—2007 年 | 0.60 ± 0.06[B] | 16.56 ± 9.12[B] | 80.45 ± 29.44[B] | 0.71 ± 0.07[B] | 0.62 ± 0.07[B] |
| 2009—2012 年 | 0.73 ± 0.05[B] | 36.97 ± 10.43[B] | 176.70 ± 30.61[A] | 0.91 ± 0.06[C] | 0.57 ± 0.05[B] |

注：上标不同代表数值之间存在显著性差异。

## 10.4.2 群落结构变化

1998—2012 年秋季各航次无脊椎动物群聚结构如图 10.14 所示。可以看出，长江口无脊椎动物可划分为 2~3 个群聚，在调查水域南部和北部、近岸和远海往往分布不同的群聚单元。年度间无脊椎动物群聚的代表种类及其空间分布不完全一致。1998—2002 年，不同年份群聚代表种有较大差异，双斑蟳（*Charybdis bimaculata*）、三疣梭子蟹（*Portunus trituberculatus*）等分布不均造成群聚结构分化。2004—2009 年，日本枪乌贼（*Loligo japonica*）和三疣梭子蟹是群聚结构的主要代表种。2010—2011 年，鹰爪虾（*Trachypenaeus curvirostris*）分布不均造成长江口无脊椎动物群聚结构分化。2012 年日本枪乌贼和三疣梭子蟹重新成为群聚结构的主要代表种。决定群聚结构的其他物种包括：1998 年的中华管鞭虾（*Solenocera crassicornis*）、2000 年的口虾蛄（*Oratosquilla oratoria*）、2002 年的安氏白虾（*Exopalaemon annandalei*）、2007 年的葛氏长臂虾（*Palaemon gravieri*）和 2011 年的日本蟳（*Charybdis japonica*）。

对长江口及其邻近海域 10 个秋季航次的无脊椎动物丰度进行 NMDS 排序，辨析年度间无脊椎动物群落结构差异（图 10.15）。排序后压力系数为 0.22。从图 10.15 中可以看出，1998 年与 2000 年，2003 年，2004 年与 2007 年，2010 年与 2011 年重叠程度相对较高，而 2002 年和 2004 年站点分布相对分散，站点之间变异度较大。其他年份相对集中，站点之间变异度较小。

将 3 个时段（1998—2002 年，2003—2007 年和 2009—2012 年）无脊椎动物进行 NMDS 排序（图 10.16），可以发现 1998—2002 年和 2003—2007 年的排序位置区分较为明显，1998—2002 年位于排序图的左下方，而 2003—2007 年位于排序图的右上方。2009—2012 年与 1998—2002 年、2003—2007 年均有重叠区域。1998—2000 年、2003—2007 年、2009—2012 年 3 个时段站点分布的集中程度类似，但是在排序图中的位置不同，表明不同时期之间存在群聚演替。

可以看出，长江口无脊椎动物群落年际间存在演替现象。与其他年份相比，2002 年和 2004 年长江口无脊椎动物群落变异显著。

## 10.5　春季环境影响因素分析

根据春季无脊椎动物群落的多样性的阶段性特征，分 3 个时期（1999—2001 年，2004—2007 年，2009—2012 年）来探讨环境因子对无脊椎动物群落的影响。

### 10.5.1　1999—2001 年春季

表 10.7 为 1999—2001 年春季无脊椎动物调查站位的环境因子特征。采用 t 检验的方法确定各环境因子在不同年份之间的差异。可以看出，在 18 个环境因子中，有 10 个存在显著的年际差异，包括：表层盐度（S-s）、表层温度和底层温度（T-s 和 T-b）、表层溶解氧和底层溶解氧（DO-s 和 DO-b）、表层 pH 值和底层 pH 值（pH-s 和 pH-b）、表层总氮和底层总氮（TN-s 和 TN-b）以及底层悬浮物（TSM-b）。

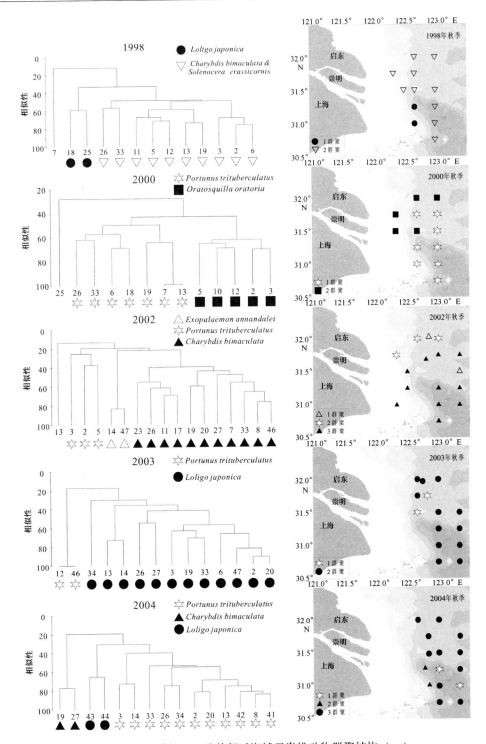

图10.14 秋季长江口及其邻近海域无脊椎动物群聚结构（一）

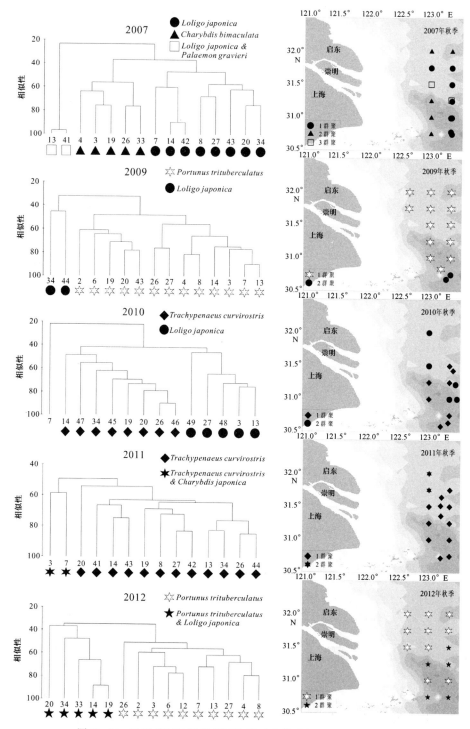

图 10.14　秋季长江口及其邻近海域无脊椎动物群聚结构（二）

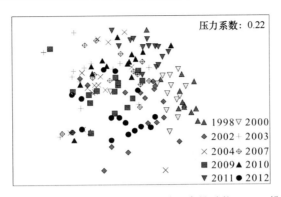

图 10.15　秋季长江口及其邻近海域无脊椎动物 NMDS 排序

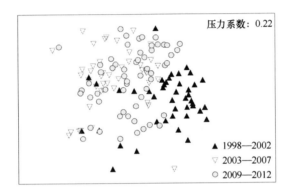

图 10.16　秋季不同时段长江口及其邻近海域无脊椎动物 NMDS 排序

表 10.7　1999—2001 年春季长江口无脊椎动物调查站位环境因子

| 环境因子 | 1999 年 | 2001 年 |
| --- | --- | --- |
| Depth（m） | 34.23（20~48） | 32.62（5~50） |
| S-s | 19.98[A]（15.66~27.56） | 25.51[B]（6.62~31.58） |
| S-b | 30.62（18.21~33.72） | 31.52（24.00~33.92） |
| T-s（℃） | 19.29[A]（15.89~20.59） | 17.82[B]（16.37~19.04） |
| T-b（℃） | 15.9[A]（14.59~17.36） | 16.57[B]（15.80~17.88） |
| DO-s（mg/L） | 10.62[A]（8.15~13.95） | 6.8[B]（5.66~8.73） |
| DO-b（mg/L） | 7.00[A]（6.27~7.53） | 4.63[B]（3.50~5.72） |
| pH-s | 8.51[A]（8.16~8.85） | 8.15[B]（8.09~8.23） |
| pH-b | 8.17[A]（8.07~8.23） | 8.08[B]（8.02~8.14） |
| COD-s（mg/L） | 1.63（0.73~3.22） | 1.38（0.84~4.32） |
| COD-b（mg/L） | 1.04（0.23~5.27） | 0.86（0.52~1.12） |
| TN-s（mg/L） | 57.25[A]（35.8~70.1） | 35.78[B]（13.7~77.7） |

续表

| 环境因子 | 1999 年 | 2001 年 |
|---|---|---|
| TN-b（mg/L） | 20.74$^A$（12.1~37.4） | 35.08$^B$（14.8~92.7） |
| TP-s（mg/L） | 0.75（0.29~1.30） | 0.70（0.30~1.40） |
| TP-b（mg/L） | 0.73（0.34~1.10） | 0.75（0.49~1.60） |
| TSM-s（mg/L） | 3.44（1.3~7.1） | 5.78（1.3~21.6） |
| TSM-b（mg/L） | 7.57$^A$（1.1~23.0） | 30.88$^B$（2.2~105.6） |
| Chla（mg/m$^3$） | 2.32（0.48~5.85） | 1.86（0.19~4.39） |

注：上标不同代表数值之间存在显著性差异。

对 1999—2001 年春季无脊椎动物物种-丰度矩阵进行去趋势对应分析（DCA），梯度长度的最大值为 3.363 SD，选用非线性的 CCA 排序方法探讨群落结构与环境因子的关系（图 10.17）。所有环境因子经过 forward 筛选和 Monte-Carlo 检验（$P<0.05$），仅保留底层溶解氧 1 个环境因子。利用该环境因子重复进行 CCA，结果显示，前 4 个轴共解释了物种变异的 52.5%。所有 18 个环境因子的特征值之和为 2.695，保留的 1 个环境因子的典范特征值之和为 0.293，保留的可解释差异占物种数据中差异的 10.87%。

环境因子的解释能力体现在 CCA 轴的双序图得分（负载值）上，在 CCA 第 1 轴上负载最高的是底层溶解氧（其负载值为-1.000 0）。可以看出，引起 1999—2001 年春季长江口及邻近海域无脊椎动物群落结构时空变化的主要环境要素为底层溶解氧。虽然除底层溶解氧之外仍有 9 个环境因子在年际间存在显著的差异性，但它们并不是决定年际群落结构变化的主要环境因子。

根据 1999—2001 年调查站位在 CCA 排序图上的分布，可以看出，1999 年调查站位多分布在 CCA 第二、第三象限，而 2001 年的站位多分布在 CCA 第一、第四象限，决定这一群落格局的主要环境因子为底层溶解氧（图 10.17）。

### 10.5.2 2004—2007 年春季

表 10.8 呈现出 2004—2007 年春季无脊椎动物调查站位的环境因子特征。采用 t 检验的方法确定各环境因子在不同年份之间的差异。可以看出，在 18 个环境因子中，有 9 个存在显著的年际差异，包括：表层温度（T-s）、表层溶解氧和底层溶解氧（DO-s 和 DO-b）、表层 pH 值和底层 pH 值（pH-s 和 pH-b）、底层总氮（TN-b）、表层总磷和底层总磷（TP-s 和 TP-b）以及表层悬浮物（TSM-s）。

对 2004—2007 年春季无脊椎动物物种-丰度矩阵进行去趋势对应分析（DCA），梯度长度的最大值为 4.350 SD，选用非线性的 CCA 排序方法探讨群落结构与环境因子的关系（图 10.18）。

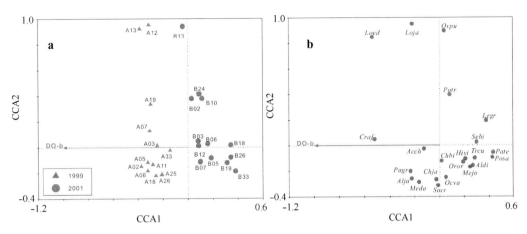

图 10.17　1999—2001 年春季长江口及邻近海域无脊椎动物群落的 CCA 排序

a. 站位；b. 物种

表 10.8　2004—2007 年春季长江口无脊椎动物调查站位环境因子

| 环境因子 | 2004 年 | 2007 年 |
|---|---|---|
| Depth （m） | 37. 09（24~60） | 39. 73（28~59） |
| S–s | 27. 30（20. 35~30. 69） | 28. 07（22. 15~31. 25） |
| S–b | 33. 29（32. 41~34. 07） | 33. 10（31. 73~33. 94） |
| T–s （℃） | 20. 90$^A$（20. 01~21. 71） | 18. 70$^B$（17. 86~20. 25） |
| T–b （℃） | 16. 81（16. 11~18. 44） | 17. 17（16. 43~18. 03） |
| DO–s （mg/L） | 5. 20$^A$（3. 67~7. 12） | 8. 79$^B$（5. 9~10. 2） |
| DO–b （mg/L） | 2. 53$^A$（1. 92~3. 25） | 6. 62$^B$（4. 2~8. 6） |
| pH–s | 8. 33$^A$（8. 02~8. 48） | 8. 55$^B$（8. 33~8. 71） |
| pH–b | 7. 91$^A$（7. 85~8. 03） | 8. 43$^B$（8. 36~8. 53） |
| COD–s （mg/L） | 1. 05（0. 46~2. 30） | 1. 07（0. 73~1. 74） |
| COD–b （mg/L） | 0. 53（0. 12~0. 98） | 0. 77（0. 18~2. 21） |
| TN–s （mg/L） | 42. 33（26. 3~67. 6） | 52. 14（29. 87~85. 10） |
| TN–b （mg/L） | 26. 85$^A$（12. 4~59. 7） | 37. 78$^B$（29. 13~52. 35） |
| TP–s （mg/L） | 0. 89$^A$（0. 45~1. 50） | 0. 45$^B$（0. 17~0. 95） |
| TP–b （mg/L） | 0. 63$^A$（0. 34~0. 91） | 0. 42$^B$（0. 04~0. 80） |
| TSM–s （mg/L） | 4. 25$^A$（2. 3~6. 7） | 2. 32$^B$（0. 5~5. 0） |
| TSM–b （mg/L） | 5. 07（2. 0~10. 5） | 6. 04（2. 2~16. 0） |
| Chla （mg/m$^3$） | 3. 65（0. 37~17. 62） | 1. 42（0. 24~3. 52） |

注：上标不同代表数值之间存在显著性差异。

　　所有环境因子经过 forward 筛选和 Monte-Carlo 检验（$P<0.05$），仅保留 4 个环境因子。按其解释比例的大小依次为：底层化学需氧量、表层 pH 值、表层总氮、底层总氮。利用 4 个环境因子重复进行 CCA，结果显示，前 4 个轴共解释了物种变异的 40.4%。所有 18 个环境因子的特征值之和为 3.088，保留的 4 个环境因子的典范特征值之和为 1.246，保留的可解释差异占物种数据中差异的 40.35%。

　　根据 2004—2007 年调查站位在 CCA 排序图上的分布，可以看出，2004 年调查站位多分布在 CCA 第一、第二象限，影响其群落结构的主要环境因子为表层总氮和底层总氮（图 10.18）；2007 年的站位分布范围较广，影响其群落结构的主要环境因子包括底层化学需氧量、表层 pH 值、表层总氮、底层总氮。

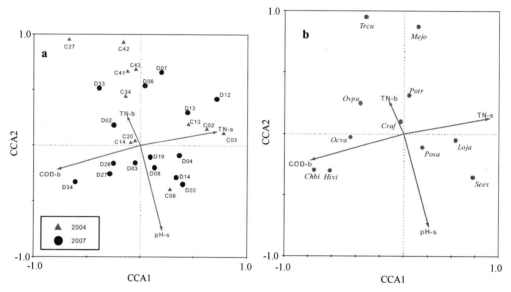

图 10.18　2004—2007 年春季长江口及邻近海域无脊椎动物群落的 CCA 排序

a. 站位；b. 物种

### 10.5.3　2009—2012 年春季

　　表 10.9 呈现出 2009—2012 年春季无脊椎动物调查站位的环境因子特征。采用方差分析（oneway-ANOVA）检验和非参数（Kruskal-Wallis）检验的方法确定各环境因子在不同年份之间的差异。可以看出，在 18 个环境因子中，有 17 个存在显著的年际差异，即除深度之外的所有环境因子均存在显著的年际差异。对 8 个既满足正态性，又满足方差齐性的环境因子，进行单因素方差分析，经检验，除深度外均存在显著的年际差异。其余 10 个环境因子经过 Kruskal-Wallis 检验，也都存在显著的年际差异。

表 10.9　2009—2012 年春季长江口无脊椎动物调查站位环境因子

| 环境因子 | 2009 年 | 2010 年 | 2011 年 | 2012 年 |
|---|---|---|---|---|
| Depth（m） | 42.36（33~65） | 42.93（28~63） | 48.36（35~62） | 42.2（30~63） |
| S-s | 28.53[A]（23.85~30.39） | 26.22[B]（12.81~29.05） | 30.08[A]（26.32~31.55） | 29.45[A]（24.15~31.79） |
| S-b | 33.08[A]（31.95~34.03） | 32.11[B]（29.8~33.25） | 33.56[C]（32.95~33.96） | 32.85[ABC]（31.37~34.03） |
| T-s（℃） | 19.30[A]（18.51~20.12） | 19.59[A]（18.29~20.16） | 17.09[B]（16.00~17.97） | 17.11[B]（14.61~19.30） |
| T-b（℃） | 16.96[A]（16.40~17.71） | 17.07[A]（14.41~18.04） | 15.70[B]（14.78~16.46） | 13.63[C]（12.81~14.81） |
| DO-s（mg/L） | 9.13[AB]（3.24~11.01） | 10.23[A]（4.20~12.72） | 8.23[B]（7.22~9.09） | 10.08[A]（8.23~13.87） |
| DO-b（mg/L） | 7.01[A]（2.45~8.04） | 7.51[A]（2.74~9.57） | 3.12[B]（1.86~6.01） | 7.27[A]（6.32~8.43） |
| pH-s | 8.34[A]（8.08~8.73） | 7.72[B]（7.40~8.34） | 7.84[A]（7.44~8.35） | 8.28[A]（7.97~8.51） |
| pH-b | 8.16[AD]（7.93~8.56） | 7.71[B]（7.55~8.06） | 7.91[C]（7.65~8.22） | 8.11[D]（8.02~8.21） |
| COD-s（mg/L） | 2.29[A]（0.60~4.98） | 2.15[A]（1.36~2.76） | 0.67[B]（0.24~1.03） | 1.62[C]（1.05~3.21） |
| COD-b（mg/L） | 2.40[A]（1.42~3.50） | 1.51[B]（0.85~2.06） | 0.73[C]（0.16~2.22） | 1.31[B]（0.67~2.49） |
| TN-s（mg/L） | 131.25[AB]（21.95~637.07） | 68.28[A]（42.71~109.73） | 42.26[B]（25.18~76.64） | 12.50[C]（8.53~26.83） |
| TN-b（mg/L） | 89.04[A]（2.55~393.32） | 39.11[A]（29.26~57.69） | 32.22[A]（20.22~67.65） | 10.69[B]（5.26~16.67） |
| TP-s（mg/L） | 0.66[A]（0.10~2.30） | 1.81[B]（0.75~7.77） | 0.74[A]（0.31~1.16） | 0.21[C]（0.05~0.64） |
| TP-b（mg/L） | 0.84[A]（0.17~2.50） | 1.29[B]（0.59~2.05） | 0.73[A]（0.44~1.02） | 0.55[C]（0.10~1.28） |
| TSM-s（mg/L） | 5.32[A]（0.72~9.33） | 3.72[A]（1.90~6.25） | 2.59[B]（0.02~7.23） | 38.21[C]（30.40~67.00） |
| TSM-b（mg/L） | 5.73[A]（1.27~14.10） | 5.93[A]（1.01~18.32） | 6.33[AB]（0.75~44.43） | 57.25[C]（31.00~90.00） |
| Chla（mg/m³） | 1.58[A]（0.10~6.48） | 13.31[B]（1.03~46.80） | 2.10[A]（0.31~8.04） | 0.92[A]（0.22~3.51） |

注：上标不同代表数值之间存在显著性差异。

对 2009—2012 年春季无脊椎动物物种-丰度矩阵进行去趋势对应分析（DCA），梯度长度的最大值为 3.869 SD，选用非线性的 CCA 排序方法探讨群落结构与环境因子的关系（图 10.19）。所有环境因子经过 forward 筛选和 Monte-Carlo 检验（$P<0.05$），仅保留 4 个环境因子。按其解释比例的大小依次为：表层总氮、底层温度、底层盐度、表层 pH 值。利用 4 个环境因子重复进行 CCA，结果显示，前 4 个轴共解释了物种变异的 32.6%。所有 18 个环境因子的特征值之和为 3.048，保留的 4 个环境因子的典范特征值之和为 0.994，保留的可解释差异占物种数据中差异的 32.61%。

环境因子的解释能力体现在 CCA 轴的双序图得分（负载值）上，CCA 第一轴上负载最高的是表层总氮（其负载值为 0.863 3），其次为底层温度（其负载值为 0.626 4），CCA 第 2 轴上负载最高的是底层温度（其负载值为 -0.756 8），CCA 第三轴上负载最高的是底层盐度（其负载值为 -0.895 2），CCA 第四轴上负载最高的是表层 pH 值（其负载值为 0.793 4）。可以看出，引起 2009—2012 年春季长江口及邻近海域无脊椎动物群落结构时空变化的主要环境要素为表层总氮、底层温度、底层盐度、表层 pH 值。

根据 2009—2012 年调查站位在 CCA 排序图上的分布，可以看出，2009—2010 年调查站位多分布在 CCA 第一、第四象限，影响其群落结构的主要环境因子为表层总氮和底层温度（图 10.19）；2011 年的站位多分布在 CCA 第三象限，影响其群落结构的主要环境因子为底层盐度；2012 年的站位多分布在 CCA 第二象限，影响其群落结构的主要环境因子为表层 pH 值。

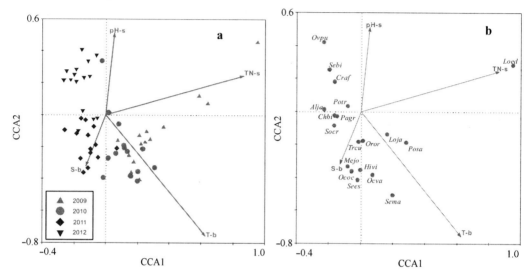

图 10.19　2009—2012 年春季长江口无脊椎动物群落的 CCA 排序

a. 站位；b. 物种

## 10.6　秋季环境影响因素分析

根据秋季无脊椎动物群落的多样性的阶段性特征，分 3 个时期（1998—2002 年，2003—2007 年，2009—2012 年）来探讨环境因子对无脊椎动物群落的影响。

### 10.6.1　1998—2002 年秋季

表 10.10 显示出 1998—2002 年秋季无脊椎动物调查站位的环境因子特征。采用方差分析（oneway-ANOVA）检验和非参数（Kruskal-Wallis）检验的方法确定各环境因子在不同年份之间的差异。可以看出，在 18 个环境因子中，有 10 个存在显著的年际差异，包括底层盐度（S-b）、表层温度和底层温度（T-s 和 T-b）、表层溶解氧和底层溶解氧（DO-s 和 DO-b）、表层 pH 值和底层 pH 值（pH-s 和 pH-b）、底层化学需氧量（COD-b）、表层总磷（TP-s）以及叶绿素 a（Chla）。

表 10.10　1998—2002 年秋季长江口无脊椎动物调查站位环境因子

| 环境因子 | 1998 年 | 2000 年 | 2002 年 |
| --- | --- | --- | --- |
| Depth（m） | 35（22~50） | 31.38（20~48） | 38.89（25~62） |
| S-s | 30.12（25.42~33.70） | 27.57（5.37~33.97） | 31.66（30.50~32.71） |

| 环境因子 | 1998 年 | 2000 年 | 2002 年 |
|---|---|---|---|
| S-b | 33.18$^A$（27.86~34.63） | 32.26$^{AB}$（26.99~34.06） | 32.50$^B$（31.35~33.40） |
| T-s（℃） | 19.52$^A$（17.97~21.01） | 19.30$^A$（17.25~22.24） | 17.66$^B$（15.30~18.97） |
| T-b（℃） | 21.36$^A$（19.46~22.15） | 20.48$^{AB}$（17.50~22.48） | 18.77$^B$（16.90~21.53） |
| DO-s（mg/L） | 8.52$^A$（7.51~12.30） | 8.05$^{AB}$（4.82~12.97） | 5.39$^B$（4.68~5.74） |
| DO-b（mg/L） | 6.52$^A$（4.30~7.50） | 7.45$^{AB}$（4.32~13.25） | 4.66$^B$（2.89~5.47） |
| pH-s | 8.08$^A$（7.96~8.36） | 8.16$^B$（8.08~8.22） | 8.08$^{AB}$（7.76~8.28） |
| pH-b | 8.00$^A$（7.96~8.08） | 8.17$^B$（8.10~8.26） | 8.09$^{AB}$（7.94~8.27） |
| COD-s（mg/L） | 1.19（0.57~2.78） | 1.15（0.59~2.06） | 0.82（0.02~3.00） |
| COD-b（mg/L） | 0.84$^A$（0.46~1.34） | 1.01$^B$（0.48~1.86） | 0.65$^A$（0.02~0.88） |
| TN-s（mg/L） | 23.48（11.4~36.9） | 29.46（13.2~73.4） | 18.56（11.0~21.3） |
| TN-b（mg/L） | 22.20（11.6~41.1） | 19.50（7.5~31.0） | 15.06（7.7~22.9） |
| TP-s（mg/L） | 0.68$^A$（0.20~1.20） | 0.96$^B$（0.67~2.70） | 1.16$^C$（0.94~1.40） |
| TP-b（mg/L） | 1.46（0.61~3.50） | 1.18（0.59~2.90） | 1.21（0.90~1.40） |
| TSM-s（mg/L） | 6.58（1.6~33.4） | 51.07（0.7~422.0） | 7.10（1.1~16.4） |
| TSM-b（mg/L） | 33.73（5.5~116.4） | 71.45（3.3~461.5） | 18.57（3.2~48.7） |
| Chla（mg/m$^3$） | 2.71$^A$（0.39~6.17） | 1.43$^A$（0.17~3.87） | 0.30$^B$（0.11~0.77） |

注：上标不同代表数值之间存在显著性差异。

对无脊椎动物物种-丰度矩阵进行去趋势对应分析（DCA），梯度长度的最大值为 3.794 SD，选用非线性的 CCA 排序方法探讨群落结构与环境因子的关系（图 10.20）。

所有环境因子经过 forward 筛选和 Monte-Carlo 检验（$P<0.05$），仅保留 5 个环境因子。按其解释比例的大小依次为：底层悬浮物、底层溶解氧、表层化学需氧量、表层总氮和底层总磷。利用 5 个环境因子重复进行 CCA，结果显示，前 4 个轴共解释了物种变异的 29.6%。所有 18 个环境因子的特征值之和为 2.214，保留的 5 个环境因子的典范特征值之和为 0.704，保留的可解释差异占物种数据中差异的 31.80%。

环境因子的解释能力体现在 CCA 轴的双序图得分（负载值）上，CCA 第一轴上负载最高的是底层悬浮物（其负载值为 0.819 3），其次为底层溶解氧（其负载值为 0.464 9），CCA 第二轴上负载最高的是表层化学需氧量（其负载值为 0.601 9），CCA 第三轴上负载最高的是底层总磷（其负载值为 0.756 5），CCA 第 4 轴上负载最高的是底层溶解氧（其负载值为-0.783 9）。可以看出，引起 1998—2002 年秋季长江口及邻近海域无脊椎动物群落结构时空变化的主要环境要素为底层悬浮物、底层溶解氧、表层化学需氧量、表层总氮和底层总磷。

根据 1998—2002 年调查站位在 CCA 排序图上的分布，可以看出，1998 年调查站位多沿 CCA 第 2 轴分布，影响其群落结构的主要环境因子为表层化学需氧量和表层总氮（图 10.20）；2000 年的站位多沿 CCA 第一轴分布，影响其群落结构的主要环境因子为底层悬浮物、底层溶解氧、底层总磷；2002 年的站位多分布在 CCA 第三象限，影响其群落结构的主要环境因子为表层总氮。

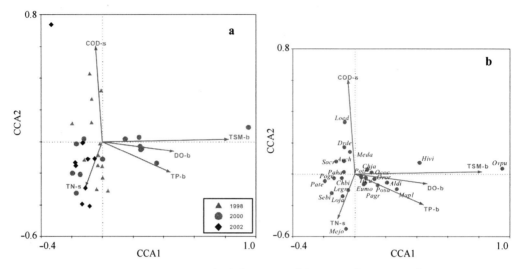

图 10.20　1998—2002 年秋季长江口无脊椎动物群落的 CCA 排序

a. 站位；b. 物种

### 10.6.2　2003—2007 年秋季

　　表 10.11 为 2003—2007 年秋季无脊椎动物调查站位的环境因子特征。采用方差分析（oneway-ANOVA）检验和非参数（Kruskal-Wallis）检验的方法确定各环境因子在不同年份之间的差异。可以看出，在 18 个环境因子中，有 15 个存在显著的年际差异，除深度（Depth）、底层盐度（S-b）和表层温度（T-s）外，其余环境因子均存在显著的年际差异。

　　对无脊椎动物物种-丰度矩阵进行去趋势对应分析（DCA），梯度长度的最大值为1.925 SD，选用非线性的 RDA 排序方法探讨群落结构与环境因子的关系（图 10.21）。所有环境因子经过 forward 筛选和 Monte-Carlo 检验（$P<0.05$），仅保留底层 pH 值 1 个环境因子。RDA 结果显示，前 4 个轴共解释了物种变异的 84.5%。所有 18 个环境因子的特征值之和为 1.000，保留的 1 个环境因子的典范特征值之和为 0.123，保留的可解释差异占物种数据中差异的 12.3%。

　　环境因子的解释能力体现在 RDA 轴的双序图得分（负载值）上，RDA 第一轴上负载最高的是底层 pH 值（其负载值为-1.000 0）。可以看出，引起 2003—2007 年秋季长江口及邻近海域无脊椎动物群落结构时空变化的主要环境要素为底层 pH 值。

表 10.11　2003—2007 年秋季长江口无脊椎动物调查站位环境因子

| 环境因子 | 2003 年 | 2004 年 | 2007 年 |
|---|---|---|---|
| Depth（m） | 39.38（28~60） | 38.43（28~50） | 42.93（32~57） |
| S-s | 24.97$^A$（10.05~33.57） | 29.76$^B$（10.28~34.42） | 33.24$^B$（31.51~33.99） |
| S-b | 33.64（30.81~34.32） | 33.91（32.65~34.49） | 33.78（33.41~34.17） |
| T-s（℃） | 20.69（19.66~21.64） | 21.04（19.09~22.76） | 20.51（19.54~21.04） |
| T-b（℃） | 21.36$^A$（20.73~21.79） | 21.92$^B$（20.61~22.65） | 20.73$^C$（20.38~21.16） |
| DO-s（mg/L） | 5.81$^A$（4.60~8.89） | 7.89$^B$（7.09~8.94） | 5.73$^A$（3.94~8.66） |
| DO-b（mg/L） | 4.16$^A$（2.30~7.63） | 7.19$^B$（6.75~7.74） | 5.00$^A$（2.35~6.82） |
| pH-s | 8.10$^A$（7.88~8.51） | 7.84$^B$（7.73~7.97） | 8.22$^C$（8.19~8.26） |
| pH-b | 8.05$^A$（7.94~8.14） | 7.94$^B$（7.85~8.00） | 8.21$^C$（8.17~8.25） |
| COD-s（mg/L） | 1.40$^A$（0.79~1.99） | 0.77$^B$（0.30~1.49） | 0.97$^{AB}$（0.45~2.17） |
| COD-b（mg/L） | 1.04$^A$（0.06~1.43） | 0.58$^B$（0.30~0.93） | 0.89$^A$（0.57~1.75） |
| TN-s（mg/L） | 55.41$^A$（24.28~86.01） | 28.13$^B$（11.10~48.00） | 24.07$^B$（12.55~52.45） |
| TN-b（mg/L） | 31.59$^A$（17.12~42.09） | 19.46$^B$（9.20~33.60） | 18.90$^B$（12.04~50.46） |
| TP-s（mg/L） | 1.30$^A$（1.00~1.60） | 0.91$^B$（0.54~1.30） | 0.40$^C$（0.25~0.71） |
| TP-b（mg/L） | 1.44$^A$（1.10~2.00） | 0.96$^B$（0.68~1.40） | 0.44$^C$（0.24~0.73） |
| TSM-s（mg/L） | 3.32$^{AB}$（0.7~8.9） | 3.19$^A$（1.8~6.1） | 2.04$^B$（0.5~3.1） |
| TSM-b（mg/L） | 9.38$^{AB}$（2.7~36.2） | 5.46$^A$（1.2~18.1） | 6.66$^B$（0.7~15.1） |
| Chla（mg/m³） | 2.49$^A$（0.47~13.96） | 1.38$^A$（0.22~7.33） | 0.62$^B$（0.37~0.92） |

注：上标不同代表数值之间存在显著性差异。

　　根据 2003—2007 年调查站位在 RDA 排序图上的分布，可以看出，2003—2007 年调查站位多沿 RDA 第一轴有明显区分，其中 2003 年站点靠近 RDA 第二轴，2004 年站点分布在 RDA 第一、第四象限，2007 年站点分布在 RDA 第二、第三象限，影响其群落结构的主要环境因子为底层 pH 值（图 10.21）。

## 10.6.3　2009—2012 年秋季

　　表 10.12 为 2009—2012 年秋季无脊椎动物调查站位的环境因子特征。采用方差分析（oneway-ANOVA）检验和非参数（Kruskal-Wallis）检验的方法确定各环境因子在不同年份之间的差异。可以看出，在 18 个环境因子中，有 15 个存在显著的年际差异，除深度（Depth）、表层盐度（S-s）和表层溶解氧（DO-s）外，其余环境因子均存在显著的年际差异。

　　对无脊椎动物种-丰度矩阵进行去趋势对应分析（DCA），梯度长度的最大值为

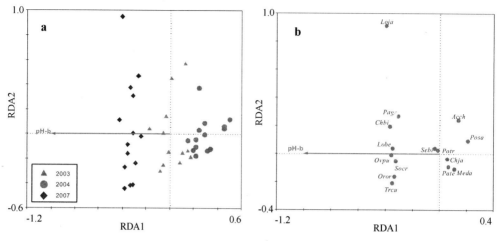

图 10.21　2003—2007 年长江口无脊椎动物群落的 RDA 排序

（a. 站位；b. 物种）

2.034 SD，选用非线性的 RDA 排序方法探讨群落结构与环境因子的关系。所有环境因子经过 forward 筛选和 Monte-Carlo 检验（$P<0.05$），仅保留表层悬浮物 1 个环境因子。RDA 结果显示，前 4 个轴共解释了物种变异的 82.7%。所有 18 个环境因子的特征值之和为 1.000，保留的 1 个环境因子的典范特征值之和为 0.087，保留的可解释差异占物种数据中差异的 8.7%。

表 10.12　2009—2012 年秋季长江口无脊椎动物调查站位环境因子

| 环境因子 | 2009 年 | 2010 年 | 2011 年 | 2012 年 |
|---|---|---|---|---|
| Depth（m） | 42.27（31~57） | 44.21（33~59） | 44.14（31~56） | 42.6（29~62） |
| S-s | 32.73（31.57~33.88） | 31.62（28.40~33.87） | 32.77（31.20~33.60） | 32.30（31.28~33.22） |
| S-b | 32.96[ACD]（31.63~34.03） | 33.74[B]（33.11~34.07） | 33.44[C]（32.99~33.80） | 32.51[D]（31.44~33.42） |
| T-s（℃） | 18.82[A]（17.55~20.38） | 18.00[B]（16.75~18.94） | 20.59[C]（20.36~20.93） | 19.59[D]（18.6~20.38） |
| T-b（℃） | 18.97[A]（17.56~20.39） | 19.28[AB]（18.80~19.95） | 20.59[C]（20.41~20.95） | 19.74[BD]（18.73~20.75） |
| DO-s（mg/L） | 7.25（6.84~7.52） | 6.93（2.26~8.63） | 7.15（6.65~7.60） | 7.40（6.83~8.09） |
| DO-b（mg/L） | 7.25[A]（6.75~7.71） | 4.64[B]（1.17~7.02） | 6.98[C]（6.47~7.27） | 7.31[AC]（6.35~8.30） |
| pH-s | 7.88[A]（7.53~8.19） | 7.99[AB]（7.65~8.22） | 8.03[B]（7.99~8.08） | 8.46[C]（8.28~8.59） |
| pH-b | 7.94[A]（7.76~8.14） | 7.97[A]（7.72~8.10） | 8.05[B]（8.00~8.10） | 8.53[C]（8.35~8.63） |
| COD-s（mg/L） | 1.66[A]（0.08~3.83） | 1.16[A]（0.59~1.73） | 1.44[A]（0.71~3.08） | 0.63[B]（0.26~1.65） |
| COD-b（mg/L） | 1.95[A]（0.65~3.67） | 1.09[AB]（0.63~1.65） | 1.19[AB]（0.55~2.81） | 1.09[B]（0.27~2.78） |
| TN-s（mg/L） | 27.3[A]（13.58~48.51） | 30.26[A]（19.21~45.84） | 19.43[B]（11.78~35.27） | 13.22[C]（6.12~19.22） |
| TN-b（mg/L） | 29.6[A]（16.02~52.73） | 24.21[A]（2.95~46.91） | 21.30[A]（12.68~34.80） | 13.14[B]（3.74~25.22） |
| TP-s（mg/L） | 0.86[ACD]（0.47~1.52） | 1.84[B]（1.01~4.06） | 1.05[C]（0.64~1.86） | 0.69[D]（0.36~1.08） |

| 环境因子 | 2009 年 | 2010 年 | 2011 年 | 2012 年 |
|---|---|---|---|---|
| TP-b（mg/L） | 0.90$^A$（0.53~1.37） | 1.68$^B$（0.68~2.78） | 1.31$^B$（0.76~3.72） | 0.83$^A$（0.33~1.46） |
| TSM-s（mg/L） | 3.77$^A$（1.39~8.46） | 1.56$^B$（0~5.16） | 6.71$^C$（2.24~30.57） | 32.41$^D$（21.00~53.00） |
| TSM-b（mg/L） | 8.06$^A$（1.11~28.41） | 6.3$^A$（0.56~10.07） | 16.85$^B$（4.15~61.50） | 51.02$^C$（21.67~95.00） |
| Chla（mg/m$^3$） | 0.38$^A$（0.25~0.61） | 0.49$^{AB}$（0.03~2.08） | 0.19$^B$（0.10~0.27） | 0.2$^B$（0.14~0.27） |

注：上标不同代表数值之间存在显著性差异。

环境因子的解释能力体现在 RDA 轴的双序图得分（负载值）上，RDA 第一轴上负载最高的是表层悬浮物（其负载值为 1.000 0）。可以看出，引起 2009—2012 年秋季长江口及邻近海域无脊椎动物群落结构时空变化的主要环境要素为表层悬浮物。

根据 2009—2012 年调查站位在 RDA 排序图上的分布，可以看出，2009—2012 年调查站位多沿 RDA 第一轴有明显区分，其中 2009—2011 年站位在 RDA 的第二、第三象限，2012 年站位分布在 RDA 第一、第四象限，影响其群落结构的主要环境因子为表层悬浮物（图 10.22）。

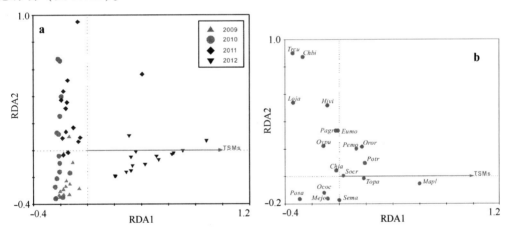

图 10.22　2009—2012 年秋季长江口无脊椎动物群落的 RDA 排序

a. 站位；b. 物种

## 10.7　与原预测的对比

### 10.7.1　种类组成

20 世纪 80 年代，长江口春季无脊椎动物以蟹类占绝对优势，优势度最高的种类为细点圆趾蟹和三疣梭子蟹。本研究中，1999 年后长江口软体动物在无脊椎动物中优势度逐渐上升，代表种类为枪乌贼。其中日本枪乌贼在 2004 年优势度上升至最高，剑尖枪乌贼在 2009 年升至第一优势种。20 世纪 80 年代优势度最高的细点圆趾蟹在 1999 年后对无脊椎动物资源贡献显著下降，直至 2012 年重新成为优势种。细点圆趾蟹在长江口分布出现减少，但在长江口外侧的东海水域仍为无脊椎动物资源优势种类。三疣梭子蟹是长江口无脊椎动物资源重要经济种类，1999 年后其优势度显著低于 20 世纪 80 年代，2009 年对无脊椎动物资源贡献最小，2010 年之后显著回升。

20 世纪 80 年代，长江口秋季无脊椎动物优势度最高的种类为三疣梭子蟹、哈氏仿对虾和周氏新对虾。本研究中，1998—2012 年 10 个航次中，哈氏仿对虾和周氏新对虾均未成为优势种，这与 20 世纪 80 年代有很大不同。三疣梭子蟹一直以来都是长江口重要的无脊椎动物经济种类，1998 年后其优势度均低于 20 世纪 80 年代，2010 年和 2011 年优势度下降，失去优势地位。1998—2012 年日本枪乌贼的优势度均远远高于 20 世纪 80 年代的枪乌贼类，且在 2002—2007 年、2010—2012 年均处于优势地位。枪乌贼类的优势度上升可能意味着头足类软体动物对于长江口水域环境变化的适应性较强。头足类软体动物占优势也见于中国北部海域的无脊椎动物群落。

### 10.7.2　多样性和资源量

1986 年春季长江口无脊椎动物记录 23 种。本研究中，1999 年和 2001 年分别捕获无脊椎动物 27 种和 28 种，较 1986 年略有增加。2004 年后无脊椎种类数量显著下降，2010 年后种类数量有所回升，仍未超过 1986 年水平。1999 年后长江口无脊椎动物多样性呈降低至最低后逐步恢复趋势，与 20 世纪 80 年代相比，2012 年长江口无脊椎动物多样性已高于 1986 年春季。1999—2012 年间长江口无脊椎动物平均丰度为 11.71 kN/km$^2$，生物量为 70.48 kg/km$^2$，显著低于 20 世纪 80 年代调查结果（丰度 26.15 kN/km$^2$，生物量 749.03 kg/km$^2$），1999—2012 年无脊椎动物生物量仅为 20 世纪 80 年代的 10%。长江口无脊椎动物多样性变化侧面反映出水域健康状况，1999—2001 年健康度最高，2004 年生态系统受到严重干扰，健康度最低，2007 年以来处于恢复期，至 2012 年尚有多样性指标（如种类数量和资源量）未达到 20 世纪 80 年代水平。

长江口无脊椎动物是渔业资源的重要组成，随着高营养级鱼类资源迅速衰退，无脊椎动物对渔业资源的贡献逐步加强。长江口营养层次较高的重要经济鱼类，如大黄鱼、带鱼、鲐、蓝点马鲛等种类资源量严重缩减，由于捕食压力减少，可作为鱼类饵料生物（如枪乌贼）的无脊椎动物种群发展迅速。同时，伴随着自身生物周期和环境条件，无脊椎动物总资源量处于波动状态，而这种波动主要由优势种类种群数量变化造成。例如，细点圆趾蟹是 20 世纪 80 年长江口无脊椎动物优势度最高种类，资源量达 436.98 kg/km$^2$。1999 年以后细点圆趾蟹种群在长江口水域分布迅速减少，至 2011 年资源量仍未超过 10 kg/km$^2$，2012 年迅速回升至 39.05 kg/km$^2$。三疣梭子蟹作为重要经济种类，20 世纪 80 年代资源量最高（256.24 kg/km$^2$）。20 世纪 90 年代，三疣梭子蟹资源量迅速萎缩，1999 年和 2004 年徘徊在 5 kg/km$^2$ 之下。2009—2012 年之后资源量显著回升，平均为 11.42 kg/km$^2$。枪乌贼种群是凶猛鱼类的重要饵料生物，1999 年以来枪乌贼种群资源发展迅速。2009 年剑尖枪乌贼和日本枪乌贼资源量达 190.07 kg/km²，显著高于 20 世纪 80 年代的 6.94 kg/km²。可以看出，长江口高营养级生物资源的衰退带来低营养级无脊椎动物资源的迅速发展。

1985 年秋季长江口无脊椎动物记录 31 种。在本研究中，1998 年捕获无脊椎动物 35 种，较 1985 年略有增加。1998—2004 年无脊椎动物种类数量逐年下降，2004 年降至最低，仅 11 种，2007 年上升后又开始第二轮下降趋势，2012 年种类数量有所回升，但未超过 1985 年水平。与春季一致，1998 年后秋季长江口无脊椎动物多样性亦呈现降低至最低后逐步恢复趋势，与 20 世纪 80 年代相比，1998 年、2000 年、2009 年、2011 年秋季长江口无脊椎动物多样性均高于 1985 年秋季。1998—2012 年间秋季长江口无脊椎动物平均丰度为 43.59 kN/km²，高于 20 世纪 80 年代的调查结果（丰度 15.21 kN/km²），平均生物量为 205.23 kg/km²，低于 20 世纪 80 年代调查结果（生物量 534.24 kg/km²），这说明 1998—2012 年秋季平均个体质量较 20 世纪 80 年代下降，无脊椎动物个体可能出现小型化。长江口无脊椎动物多样性变化反映出水域健康状况，1998—2002 年健康度最高，2004 年生态系统受到严重干扰，健康度最低，2007 年以后逐渐恢复，呈波动状态。

与长江口春季无脊椎动物资源调查一致，随着鱼类资源衰退，长江口无脊椎动物对渔业资源的贡献逐步加强。长江口营养层次较高的如大黄鱼、带鱼等重要经济鱼类资源量严重下降，作为其饵料的无脊椎动物资源（如枪乌贼）迅速发展，秋季的调查结果亦发现这种现象。与春季一致，秋季无脊椎动物的总资源量的变化主要由少数优势种资源量变化导致。例如，三疣梭子蟹是重要的经济物种，20 世纪 80 年代资源量达到最高值（站位平均值为 937.84 kg/km²）。20 世纪 90 年代，三疣梭子蟹资源量迅速萎缩，2003 年最低，站位平均值仅 9.34 kg/km²。2009 年之后波动回升。枪乌贼种类从 1998 年至今迅速发展，其中 2007 年达到极致，站位平均值为 119.34 kg/km²，远高于 1985 年秋季的 0.15 kg/km²。

## 10.8 小结

春季长江口水域共捕获无脊椎动物 41 种，隶属 6 纲 10 目 23 科，甲壳动物种类最多（26 种），其次为软体动物（13 种）。秋季长江口水域共捕获无脊椎动物 52 种，隶属 5 纲 10 目 25 科，亦数甲壳动物最多（34 种），软体动物其次（17 种）。可以看出，秋季种类数量略高于春季；甲壳动物和软体动物是长江口及其邻近海域主要的无脊椎动物资源种类。

春季长江口无脊椎动物群落丰度高度集中在优势种上，主要包括日本枪乌贼（*Loligo japonica*）、三疣梭子蟹（*Portunus trituberculatus*）、葛氏长臂虾（*Palaemon gravieri*）和鹰爪虾（*Trachypenaeus curvirostris*）等，优势种对群落丰度的贡献超过 80%。物种丰度以 1999 年和 2001 年最高，2004 年后呈先下降后恢复上升趋势。秋季三疣梭子蟹、日本枪乌贼、双斑蟳（*Charybdis bimaculata*）和鹰爪虾是重要优势种类，其对群落丰度的贡献超过 70%。群落丰度以 1998 年最高，2004 年下降至最低值。春季与秋季优势种种类较为一致，主要优势种类均包括日本枪乌贼、三疣梭子蟹、鹰爪虾等，这些优势种类对群落丰度的贡献较高，年际变化趋势也较为一致，2004 年为丰度最低的转折年份。

春季无脊椎动物在长江口水域存在 2~3 个群聚类型，指示种类空间分布差异造成不同群聚类型的划分。与春季类似，秋季无脊椎动物在长江口水域亦存在 2~3 个群聚类型，不同群聚类型的代表种类不同。这说明长江口水域的无脊椎动物群聚差异性程度可能具有与季节无关的普遍性，不同季节年份这种差异程度较为一致。

春季长江口无脊椎动物群落多样性演替可划分为 3 个阶段：1999—2001 年多样性程度最高，2004—2007 年下降至最低水平，2009—2012 年多样性显著回升，但尚有多样性指标未恢复到 1999—2001 年水平。秋季长江口水域无脊椎动物群落多样性亦可划分为 3 个阶段：1998—2002 年多样性程度最高，2003—2007 年下降至最低水平，2009—2012 年多样性显著回升，但 Shannon - Wiener 指数（$H'_n$）仍显著低于 1998—2002 年。通过对比可以看出，春季和秋季长江口水域无脊椎动物多样性年际间均呈现出先下降后回升的现象。这种一致性说明长江口水域受到的年际影响大于季节影响，这与长江口及长江上游水域的人为活动有密切关系。

春季影响无脊椎动物群落的环境因子为：1999—2001 年，底层溶解氧；2004—2007 年，底层化学需氧量、表层 pH 值、表层总氮、底层总氮；2009—2012 年，表层总氮、底层温度、底层盐度、表层 pH 值。秋季影响无脊椎动物群落的环境因子为：1998—2002 年，底层悬浮物、底层溶解氧、表层化学需氧量、表层总氮和底层总磷；2003—2007 年，底层 pH 值；2009—2012 年，表层悬浮物。不同阶段和不同季节的主要环境影响因子有较大差别，说明长江口水域环境变动剧烈。除了在 1998—2002 年春季和秋季影响无脊椎动物群落的环境因子均有底层溶解氧，其他阶段对春季与秋季无脊椎动物群落产生明显影响的环境因子均不同。这可能是除了生物本身的季节性洄游性质外，导致春季和秋季群落差异的重要原因。

长江口及其邻近海域无脊椎动物群落受到众多因素影响，包括环境、生物以及人为因素。长江中上游水坝建设导致长江入海通量改变，富营养化导致河口赤潮频发，过度捕捞导致近海渔业资源急剧减少，全球变暖导致气候异常等等，这都影响着长江口及其邻近海域的生物分布格局。因此，对于长江口及其邻近海域生物群落影响因子的研究还应考虑生物和人为因素，并通过长期的调查研究来探讨长江口及其邻近海域无脊椎动物群落的长期变化。这将是以后工作的重点。

# 11 鱼类资源

鱼类是河口和海洋生态系统的重要组成部分，是能流和物流的重要载体。物质和能量通过浮游植物和浮游动物上行传递到高营养级的鱼类，鱼类亦可通过摄食作用下行控制小型海洋生物和浮游动物的群落结构。

长江口是太平洋西岸最大的河口，长江径流带来的丰富营养物质，孕育了特有的鱼类群落，作为降海、溯河多种洄游鱼类的必经通道，是鱼类群落多样性最丰富、渔业潜力最高的河口。长江流域内各种因素驱动的自然条件变化都会在河口近海地区产生一定的影响，如流域污染物的排放、大型水利工程的修建均会改变河口陆源输入的质和量，从而带来鱼类资源的响应。同时，经济利益驱使下的渔业资源过度捕捞，带来长江口及其邻近海域鱼类资源量降低，鱼类个体小型化，部分物种趋于枯竭，群落多样性下降。

本章根据 1998—2012 年长江口渔业资源监测中获取的鱼类资源调查资料，探讨长江口及其邻近海域鱼类群落结构及其时空变化特征，解析长江口鱼类群落多样性变异机制，以期为长江口生物资源管理和可持续利用提供科学依据。

## 11.1 春季长江口鱼类生物群落特征

### 11.1.1 种类组成

1998—2012 年，春季长江口共捕获鱼类 81 种（表 11.1），隶属 1 纲 13 目 47 科。其中鲱形目（Clupeiformes）3 科 12 种，灯笼鱼目（Myctophiformes）2 科 3 种，鳗鲡目（Anguilliformes）3 科 4 种，鳕形目（Gadiformes）1 科 1 种，海鲂目（Zeiformes）1 科 1 种，鲻形目（Mugiliformes）2 科 3 种，鲈形目（Perciformes）20 科 35 种，鲉形目（Scorpaeniformes）6 科 9 种，鲽形目（Pleuronectiformes）3 科 7 种，鲀形目（Tetraodontiformes）2 科 2 种，鮟鱇目（Lophiiformes）2 科 2 种。

表 11.1 春季长江口鱼类名录

| 鱼类种类 | 年份 | | | | | | | |
|---|---|---|---|---|---|---|---|---|
| | 1999 | 2001 | 2004 | 2007 | 2009 | 2010 | 2011 | 2012 |
| **鲱形目 Clupeiformes** | | | | | | | | |
| **鲱科 Clupeidae** | | | | | | | | |
| 鲱 *Clupea pallasii* | | * | | * | | | | |
| 青鳞鱼 *Sardinella zunasi* | | | | | | | | * |

续表

| 鱼类种类 | 年份 | | | | | | | |
|---|---|---|---|---|---|---|---|---|
| | 1999 | 2001 | 2004 | 2007 | 2009 | 2010 | 2011 | 2012 |
| 金色小沙丁 *Sardinella aurita* | | | | * | | | | |
| 圆腹鲱 *Dussumieria elopsoides* | | | | | * | | | |
| **锯腹鳓科 Pristigasteridae** | | | | | | | | |
| 鳓 *Ilisha elongata* | * | * | | | | * | * | * |
| **鳀科 Engraulidae** | | | | | | | | |
| 鳀 *Engraulis japonicas* | * | * | * | * | * | * | * | * |
| 康氏小公鱼 *Stolephorus commersonii* | | | * | | | | | |
| 赤鼻棱鳀 *Thrissa kammalensis* | * | * | | | | * | * | * |
| 中颌棱鳀 *Thrissa mystax* | | | | | | | | * |
| 黄鲫 *Setipinna taty* | * | * | * | * | * | * | * | * |
| 刀鲚 *Coilia ectenes* | * | * | | | * | * | * | * |
| 凤鲚 *Coilia mystus* | * | * | * | | | * | * | * |
| **灯笼鱼目 Myctophiformes** | | | | | | | | |
| **狗母鱼科 Synodidae** | | | | | | | | |
| 长蛇鲻 *Saurida elongata* | * | * | * | | | | | |
| 龙头鱼 *Harpadon nehereus* | * | * | * | * | * | * | * | * |
| **灯笼鱼科 Myctophidae** | | | | | | | | |
| 七星底灯鱼 *Benthosema pterotum* | * | * | | | | | | * |
| **鳗鲡目 Anguilliformes** | | | | | | | | |
| **康吉鳗科 Congridae** | | | | | | | | |
| 星康吉鳗 *Conger myriaster* | * | * | | | | | * | |
| 日本康吉鳗 *Conger japonicus* | | | | | * | | | |
| **海鳗科 Muraenesocidae** | | | | | | | | |
| 海鳗 *Muraenesox cinereus* | * | * | | | | | * | * |
| **前肛鳗科 Dysommidae** | | | | | | | | |
| 前肛鳗 *Dysomma anguillare* | | * | | | * | | | |
| **鲤形目 Cypriniformes** | | | | | | | | |
| **鲤科 Cyprinidae** | | | | | | | | |
| 青鱼 *Mylopharyngodon piceus* | | | | | | * | | |
| **鳕形目 Gadiformes** | | | | | | | | |
| **犀鳕科 Bregmacerotidae** | | | | | | | | |
| 麦氏犀鳕 *Bregmaceros macclellandii* | * | * | | | | | | |

| 鱼类种类 | 年份 | | | | | | | |
|---|---|---|---|---|---|---|---|---|
| | 1999 | 2001 | 2004 | 2007 | 2009 | 2010 | 2011 | 2012 |
| **海鲂目 Zeiformes** | | | | | | | | |
| **海鲂科 Zeidae** | | | | | | | | |
| 日本海鲂 *Zeus japonicus* | | | | | * | | | |
| **鲻形目 Mugiliformes** | | | | | | | | |
| **魣科 Sphyraenidae** | | | | | | | | |
| 油魣 *Sphyraena pinguis* | | * | * | * | | | * | |
| **鲻科 Mugilidae** | | | | | | | | |
| 鲻 *Mugil cephalus* | | | | * | * | | | |
| 鲛 *Liza haematocheila* | | | | | * | * | * | |
| **刺鱼目 Gasterosteiformes** | | | | | | | | |
| **海龙科 Syngnathidae** | | | | | | | | |
| 尖海龙 *Syngnathus acus* | | | | | * | | | * |
| **鲈形目 Perciformes** | | | | | | | | |
| **鮨科 Serranidae** | | | | | | | | |
| 赤鲑 *Doederleinia berycoides* | | * | | | | | | |
| **大眼鲷科 Priacanthidae** | | | | | | | | |
| 短尾大眼鲷 *Priacanthus macracanthus* | * | * | | | | | | |
| **天竺鲷科 Apogonidae** | | | | | | | | |
| 细条天竺鱼 *Apogon lineatus* | * | * | | * | | * | * | * |
| **鱚科 Sillaginidae** | | | | | | | | |
| 多鳞鱚 *Sillago sihama* | * | | | | * | | | |
| 少鳞鱚 *Sillago japonica* | | | | | * | | * | |
| **鲹科 Carangidae** | | | | | | | | |
| 竹筴鱼 *Trachurus japonicus* | * | * | * | * | * | | * | |
| 蓝圆鲹 *Decapterus maruadsi* | | | | | * | * | * | |
| **石首鱼科 Sciaenidae** | | | | | | | | |
| 皮氏叫姑鱼 *Johnius belengerii* | * | * | | * | * | * | * | * |
| 黄姑鱼 *Nibea albiflora* | * | * | | * | | | | * |
| 白姑鱼 *Pennahia argentata* | | * | | * | * | * | * | * |
| 鮸 *Miichthys miiuy* | | | | * | | | | * |
| 大黄鱼 *Pseudosciaena crocea* | | | | | | | * | |
| 小黄鱼 *Larimichthys polyactis* | * | * | * | * | * | * | * | * |
| 棘头梅童鱼 *Collichthys lucidus* | * | * | | | | * | * | * |

续表

| 鱼类种类 | 年份 | | | | | | | |
|---|---|---|---|---|---|---|---|---|
| | 1999 | 2001 | 2004 | 2007 | 2009 | 2010 | 2011 | 2012 |
| **鰏科 Leiognathidae** | | | | | | | | |
| 黄斑鰏 *Leiognathus bindus* | * | | | | | | | |
| 鹿斑鰏 *Secutor ruconius* | * | | | * | * | * | | * |
| **鲷科 Sparidae** | | | | | | | | |
| 真鲷 *Pagrosomus major* | | | | | * | * | | |
| **石鲈科 Pomadasyidae** | | | | | | | | |
| 横带髭鲷 *Hapalogenys mucronatus* | | | | * | | * | | * |
| **蝴蝶鱼科 Chaetodontidae** | | | | | | | | |
| 双丝蝴蝶鱼 *Chaetodon bennetti* | | | | * | | | | |
| **䲢科 Uranoscopidae** | | | | | | | | |
| 青䲢 *Gnathagnus elongatus* | | | | | | * | * | |
| 日本䲢 *Uranoscopus japonicus* | * | | | | | | | |
| **绵鳚科 Zoarcidae** | | | | | | | | |
| 绵鳚 *Zoarces viviparus* | | | | | | | * | |
| **鮨科 Callionymidae** | | | | | | | | |
| 绯鮨 *Callionymus beniteguri* | * | * | | | | | | |
| **带鱼科 Trichiuridae** | | | | | | | | |
| 带鱼 *Trichiurus japonicus* | * | * | * | * | * | * | * | * |
| 小带鱼 *Eupleurogrammus muticus* | * | * | | | | | | |
| **鲭科 Scombridae** | | | | | | | | |
| 鲐 *Pneumatophorus japonicus* | * | * | * | * | * | * | * | |
| **鲅科 Cybiidae** | | | | | | | | |
| 蓝点马鲛 *Scomberomorus niphonius* | | | | | | * | * | |
| **鲳科 Stromateidae** | | | | | | | | |
| 银鲳 *Pampus argenteus* | * | * | * | * | * | * | * | * |
| 燕尾鲳 *Pampus nozawae* | | * | * | | | | | |
| 中国鲳 *Pampus chinensis* | | | | | | | * | |
| **长鲳科 Centrolophidae** | | | | | | | | |
| 刺鲳 *Psenopsis anomala* | | * | * | * | | | * | |
| **鰕虎鱼科 Gobiidae** | | | | | | | | |
| 丝鰕虎鱼 *Cryptocentrus filifer* | | | | | | | | * |
| 矛尾鰕虎鱼 *Chaeturichthys stigmatias* | * | * | | | * | | | |
| 六丝矛尾鰕虎鱼 *Chaeturichthys hexanema* | | * | | | * | | * | * |

续表

| 鱼类种类 | 年份 | | | | | | | |
|---|---|---|---|---|---|---|---|---|
| | 1999 | 2001 | 2004 | 2007 | 2009 | 2010 | 2011 | 2012 |
| 红狼牙鰕虎鱼 Odontamblyopus rubicundus | * | * | * | | | | | |
| **鲉形目 Scorpaeniformes** | | | | | | | | |
| **鲉科 Scorpaenidae** | | | | | | | | |
| 斑鳍鲉 Scorpaena neglecta | | | | | * | | | |
| **毒鲉科 Synanceiidae** | | | | | | | | |
| 单指虎鲉 Minous monodactylus | | | | * | * | * | * | * |
| **鲂鮄科 Triglidae** | | | | | | | | |
| 绿鳍鱼 Chelidonichthys kumu | | * | * | | * | * | * | * |
| 斑鳍红娘鱼 Lepidotrigla punctipectoralis | * | * | | | | | | |
| 短鳍红娘鱼 Lepidotrigla microptera | | * | | * | | | | |
| **前鳍鲉科 Congiopodidae** | | | | | | | | |
| 虻鲉 Erisphex pottii | * | * | | | | | | |
| 粗蜂鲉 Vespicula trachinoides | | | * | * | * | * | * | * |
| **鲬科 Platycephalidae** | | | | | | | | |
| 鲬 Platycephalus indicus | | * | | * | * | * | * | * |
| **狮子鱼科 Liparidae** | | | | | | | | |
| 细纹狮子鱼 Liparis tanakae | | | | | | | * | * |
| **鲽形目 Pleuronectiformes** | | | | | | | | |
| **牙鲆科 Paralichthyidae** | | | | | | | | |
| 桂皮斑鲆 Pseudorhombus cinnamomeus | * | | | | | | | |
| 褐牙鲆 Paralichthys olivaceus | | | | | * | | | |
| **鲽科 Pleuronectidae** | | | | | | | | |
| 高眼鲽 Cleisthenes herzensteini | | * | | | | | * | |
| **舌鳎科 Cynoglossidae** | | | | | | | | |
| 半滑舌鳎 Cynoglossus semilaevis | | * | | | | | | |
| 短吻红舌鳎 Cynoglossus joyneri | * | | | | | | | |
| 短吻三线舌鳎 Cynoglossus abbreviatus | * | * | | | | | | |
| 大鳞舌鳎 Cynoglossus macrolepidotus | | | | | * | | | * |
| **鲀形目 Tetraodontiformes** | | | | | | | | |
| **革鲀科 Aluteridae** | | | | | | | | |
| 绿鳍马面鲀 Navodon septentrionalis | | | | | | | | * |
| **鲀科 Tetraodontidae** | | | | | | | | |
| 双斑东方鲀 Takifugu bimaculatus | | | | * | | | | |

| 鱼类种类 | 年份 | | | | | | | |
|---|---|---|---|---|---|---|---|---|
| | 1999 | 2001 | 2004 | 2007 | 2009 | 2010 | 2011 | 2012 |
| **鮟鱇目 Lophiformes** | | | | | | | | |
| **鮟鱇科 Lophiidae** | | | | | | | | |
| 黄鮟鱇 *Lophius litulon* | * | * | * | * | * | * | * | * |
| **躄鱼科 Antennaridae** | | | | | | | | |
| 三齿躄鱼 *Antennarius pinniceps* | | | * | | | | | |

## 11.1.2　优势种组成

　　1999 年优势种为小黄鱼、龙头鱼、黄鲫、凤鲚、银鲳；2001 年优势种为银鲳、小黄鱼、黄鲫；2004 年优势种为带鱼、鳀、小黄鱼、竹筴鱼；2007 年优势种为小黄鱼、黄鲫、带鱼、银鲳；2009 年优势种为小黄鱼、小眼绿鳍鱼；2010 年优势种包括龙头鱼、黄鲫、小黄鱼和银鲳；2011 年凤鲚和小黄鱼为优势种；2012 年黄鲫占据绝对优势地位（表 11.2）。

表 11.2　1998—2012 年春季长江口鱼类优势种

| 优势种 | IRI 指数 | | | | | | | |
|---|---|---|---|---|---|---|---|---|
| | 1999 年 | 2001 年 | 2004 年 | 2007 年 | 2009 年 | 2010 年 | 2011 年 | 2012 年 |
| 小黄鱼 | 6 193.31 | 1 579.44 | 1 542.44 | 2 056.62 | 4 892.74 | 1 827.42 | 1 643.79 | 267.06 |
| 银鲳 | 1 245.79 | 11 716.41 | 85.55 | 1 267.00 | 454.25 | 1 124.52 | 282.71 | 800.28 |
| 小眼绿鳍鱼 | — | — | 0.43 | — | 4 488.72 | 2.86 | 105.05 | — |
| 黄鲫 | 2 039.10 | 1 511.27 | 2.13 | 1 689.11 | 98.17 | 4 179.74 | 390.09 | 7 889.54 |
| 龙头鱼 | 3 170.88 | 799.76 | 15.34 | 698.01 | 123.91 | 9 004.09 | 374.78 | 170.13 |
| 带鱼 | 565.35 | 13.77 | 5 489.71 | 1 509.90 | 338.56 | 127.74 | 772.31 | 103.82 |
| 凤鲚 | 1 391.42 | 261.50 | 0.45 | 0.36 | — | 4.58 | 2 247.85 | 215.39 |
| 鳀 | 442.02 | 57.42 | 2 675.91 | 173.25 | 751.35 | 6.03 | 660.37 | — |
| 竹筴鱼 | 28.15 | 34.17 | 1 096.48 | 513.95 | 28.96 | — | — | — |

"—"表示未捕获。

## 11.1.3　生物量

　　1998—2012 年，春季长江口鱼类资源生物量变化表现为下降后回升趋势，2001 年生物量最高，达 371.27 kg/km$^2$，2004 年和 2007 年降至低谷，分别为 54.8 kg/km$^2$ 和 59.2 kg/km$^2$，2009 年后逐步回升，升至 2011 年 334.79 kg/km$^2$ 后回落（图 11.1）。

　　长江口春季经济鱼类包括带鱼、鳀、黄鲫、银鲳、龙头鱼等。其中，带鱼在 2004

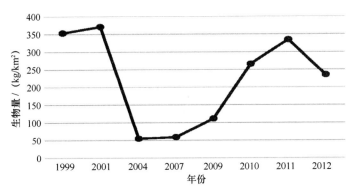

图 11.1　春季长江口鱼类资源生物量

年和 2011 年生物量较高，其他年份多在 5 kg/km² 以下；鳓在 2011 年生物量最高，达 30.97 kg/km²，其次是 1999 年的 14.66 kg/km²；黄鲫生物量处于波动状态，1999—2001 年较高，2004 年和 2009 年最低，2010 年显著回升，2012 年最高，达 70.33 kg/km²；银鲳生物量在 2001 年升至最高水平，达 144.64 kg/km²，后期生物量保持在 20 kg/km² 以下波动；龙头鱼在 2010 年生物量最高，其次是 1999 年，2004 年最低（表 11.3）。

表 11.3　春季长江口重要经济鱼类生物量　　　　　　　　单位：kg/km²

| 种类 | BED | | | | | | | |
|---|---|---|---|---|---|---|---|---|
| | 1999 年 | 2001 年 | 2004 年 | 2007 年 | 2009 年 | 2010 年 | 2011 年 | 2012 年 |
| 带鱼 | 5.15 | 0.74 | 20.87 | 5.75 | 4.22 | 3.45 | 18.49 | 1.24 |
| 鳓 | 14.66 | 1.21 | 6.01 | 0.78 | 7.26 | 0.18 | 30.97 | — |
| 小黄鱼 | 129.69 | 61.61 | 14.26 | 10.33 | 47.38 | 29.52 | 46.23 | 2.96 |
| 竹筴鱼 | 0.94 | 1.11 | 5.20 | 1.08 | 0.15 | — | 0.76 | |
| 黄鲫 | 32.07 | 58.58 | 0.06 | 9.50 | 1.92 | 52.64 | 19.23 | 70.33 |
| 银鲳 | 55.24 | 144.64 | 1.14 | 10.92 | 6.73 | 20.42 | 12.07 | 10.94 |
| 小眼绿鳍鱼 | — | 0.38 | 0.02 | — | 12.00 | 0.31 | 6.30 | — |
| 龙头鱼 | 61.83 | 32.64 | 0.52 | 6.91 | 4.98 | 139.34 | 13.89 | 3.52 |
| 凤鲚 | 30.21 | 13.46 | 0.02 | 0.01 | — | 0.23 | 122.51 | 5.58 |
| 粗蜂鲉 | — | — | 0.11 | 0.61 | 0.35 | 5.04 | 7.36 | |
| 棘头梅童鱼 | 0.54 | 0.56 | — | — | — | 1.09 | 5.75 | 1.22 |
| 刀鲚 | 0.61 | 2.81 | — | — | 13.79 | 0.59 | 1.20 | 1.71 |

"—"表示未捕获。

### 11.1.4　群落多样性

2001 年鱼类群落物种丰富度 $D$ 最高，2012 年和 1999 年次之，2004 年物种丰富度 $D$ 最低；2011 年多样性指数 $H'_w$ 最高，其次是 2001 年，2007 年最低；1999 年鱼类群落多样性指数 $H'_n$ 最高，2011 年和 2001 年次之，2007 年最低；2001 年春季长江口鱼类丰度和生物量均为最高，2004 年和 2007 年最低（表 11.4）。由此可知，群落多样性指数存在年际间变化，1999 年、2001 年和 2012 年春季鱼类群落的物种丰富度高于其他年份，2004 年和 2007 年的各项多样性指数均较低。与 20 世纪 80 年代相比，长江河口海域多样性水平显著降低。

**表 11.4　春季长江口及邻近海域鱼类群落结构多样性**

| 年份 | $D$ | $NED$ | $BED$ | $H'_n$ | $H'_w$ |
|------|------|--------|--------|--------|--------|
| 1999 | 1.90 | 24.15 | 353.54 | 1.98 | 1.93 |
| 2001 | 1.99 | 171.66 | 371.27 | 1.94 | 2.08 |
| 2004 | 1.04 | 3.17 | 54.80 | 1.21 | 1.17 |
| 2007 | 1.60 | 2.85 | 59.23 | 0.57 | 0.66 |
| 2009 | 1.52 | 10.14 | 111.57 | 1.40 | 1.60 |
| 2010 | 1.45 | 14.55 | 266.04 | 1.78 | 1.94 |
| 2011 | 1.65 | 37.45 | 334.79 | 1.95 | 2.31 |
| 2012 | 1.91 | 24.54 | 235.10 | 1.37 | 1.35 |

## 11.2　秋季长江口鱼类群落特征

### 11.2.1　种类组成

1998—2012 年，秋季长江口共捕获鱼类 122 种（表 11.5），隶属 2 纲 13 目 60 科。其中，软骨鱼纲（Chondrichthyes）真鲨目（Carcharhiniformes）1 科 1 种，辐鳍鱼纲（Actinopterygii）鲱形目（Clupeiformes）3 科 12 种、灯笼鱼目（Myctophiformes）2 科 4 种、鳗鲡目（Anguilliformes）5 科 7 种、颌针鱼目（Beloniformes）1 科 2 种、鲇形目（Siluriformes）1 科 1 种、鳕形目（Gadiformes）2 科 2 种、鲻形目（Mugiliformes）3 科 4 种、鲈形目（Perciformes）29 科 49 种、鲉形目（Scorpaeniformes）5 科 14 种、鲽形目（Pleuronectiformes）4 科 10 种、鲀形目（Tetraodontiformes）2 科 14 种、鮟鱇目（Lophiiformes）2 科 2 种。

表 11.5  秋季长江口鱼类名录

| 鱼类种类 | 年份 | | | | | | | | | |
|---|---|---|---|---|---|---|---|---|---|---|
| | 1998 | 2000 | 2002 | 2003 | 2004 | 2007 | 2009 | 2010 | 2011 | 2012 |
| **真鲨目 Carcharhiniformes** | | | | | | | | | | |
| **真鲨科 Carcharhinidae** | | | | | | | | | | |
| 尖头斜齿鲨 *Scoliodon sorrakowah* | | | | | | | | | | * |
| **鲱形目 Clupeiformes** | | | | | | | | | | |
| **鲱科 Clupeidae** | | | | | | | | | | |
| 鲱 *Clupea pallasii* | * | | | | | | * | | * | |
| 青鳞鱼 *Sardinella zunasi* | * | | | | | | * | * | | * |
| 斑鰶 *Konosirus punctatus* | | | | | | | | * | | |
| **锯腹鳓科 Pristigasteridae** | | | | | | | | | | |
| 鳓 *Ilisha elongata* | * | * | * | | * | | | | | * |
| **鳀科 Engraulidae** | | | | | | | | | | |
| 鳀 *Engraulis japonicas* | * | | | | * | * | | * | | * |
| 中华小公鱼 *Stolephorus chinensis* | * | | | | | | | | | |
| 康氏小公鱼 *Stolephorus commersonii* | * | | * | * | | | | | | |
| 赤鼻棱鳀 *Thrissa kammalensis* | * | * | * | | * | * | | * | * | * |
| 中颌棱鳀 *Thrissa mystax* | | * | | | | | | | | |
| 黄鲫 *Setipinna taty* | * | * | * | * | * | * | * | * | * | * |
| 刀鲚 *Coilia ectenes* | * | * | | | * | * | * | | * | * |
| 凤鲚 *Coilia mystus* | * | * | * | | * | | * | | * | * |
| **灯笼鱼目 Myctophiformes** | | | | | | | | | | |
| **狗母鱼科 Synodidae** | | | | | | | | | | |
| 长蛇鲻 *Saurida elongata* | | * | * | | * | * | * | | | |
| 多齿蛇鲻 *Saurida tumbil* | | | * | | | | | | | |
| 龙头鱼 *Harpadon nehereus* | * | * | * | * | * | * | * | * | * | * |
| **灯笼鱼科 Myctophidae** | | | | | | | | | | |
| 七星底灯鱼 *Benthosema pterotum* | * | * | * | * | * | * | | | | |
| **鳗鲡目 Anguilliformes** | | | | | | | | | | |
| **康吉鳗科 Congridae** | | | | | | | | | | |
| 星康吉鳗 *Conger myriaster* | * | * | | | | | * | * | | |
| 齐头鳗 *Anago anago* | | | | * | | | | | | |
| **海鳗科 Muraenesocidae** | | | | | | | | | | |
| 海鳗 *Muraenesox cinereus* | * | * | * | * | | * | * | * | * | * |
| 细颌鳗 *Oxyconger leptognathus* | | | | | | * | | | | |

续表

| 鱼类种类 | 年份 | | | | | | | | | |
|---|---|---|---|---|---|---|---|---|---|---|
| | 1998 | 2000 | 2002 | 2003 | 2004 | 2007 | 2009 | 2010 | 2011 | 2012 |
| **海鳝科 Muraenidae** | | | | | | | | | | |
| 异纹裸胸鳝 *Gymnothorax richardsonii* | | * | | | | | | | | |
| **蛇鳗科 Ophichthyidae** | | | | | | | | | | |
| 艾氏蛇鳗 *Ophichthus lithinus* | | | | | | | * | | | |
| **前肛鳗科 Dysommidae** | | | | | | | | | | |
| 前肛鳗 *Dysomma anguillare* | * | * | * | | | * | | * | * | |
| **颌针鱼目 Beloniformes** | | | | | | | | | | |
| **颌针鱼科 Belonidae** | | | | | | | | | | |
| 尖嘴扁颌针鱼 *Ablennes anastomella* | | | | | | | | | | * |
| 无斑圆颌针鱼 *Strongylura leiurus* | | | * | | | | | | | |
| **鲇形目 Siluriformes** | | | | | | | | | | |
| **海鲇科 Ariidae** | | | | | | | | | | |
| 中华海鲇 *Arius sinensis* | * | | | | | | | | | |
| **鳕形目 Gadiformes** | | | | | | | | | | |
| **犀鳕科 Bregmacerotidae** | | | | | | | | | | |
| 麦氏犀鳕 *Bregmaceros macclellandii* | | | * | | | | | | | |
| **长尾鳕科 Macrouridae** | | | | | | | | | | |
| 刺吻膜头鳕 *Hymenocephalus lethonemus* | | | * | | | | | | | |
| **鲻形目 Mugiliformes** | | | | | | | | | | |
| **魣科 Sphyraenidae** | | | | | | | | | | |
| 油魣 *Sphyraena pinguis* | * | * | * | * | * | | * | * | * | * |
| **鲻科 Mugilidae** | | | | | | | | | | |
| 鲻 *Mugil cephalus* | | | * | | | | | | | |
| 鲅 *Liza haematocheila* | | | | | | | * | * | * | * |
| **马鲅科 Polynemidae** | | | | | | | | | | |
| 六指马鲅 *Polydactylus sextarius* | * | | * | | * | * | | | | |
| **鲈形目 Perciformes** | | | | | | | | | | |
| **鮨科 Serranidae** | | | | | | | | | | |
| 赤鯥 *Doederleinia berycoides* | * | * | * | * | | | * | | * | |
| 石斑鱼 *Epinephelus* sp. | | | * | | | | | | | |
| **真鲈科 Percichthyidae** | | | | | | | | | | |
| 鲈鱼 *Lateolabrax japonicas* | | | | | | | | | | * |
| **大眼鲷科 Priacanthidae** | | | | | | | | | | |

续表

| 鱼类种类 | 年份 | | | | | | | | | |
|---|---|---|---|---|---|---|---|---|---|---|
| | 1998 | 2000 | 2002 | 2003 | 2004 | 2007 | 2009 | 2010 | 2011 | 2012 |
| 短尾大眼鲷 *Priacanthus macracanthus* | | * | | | | | | | | |
| **发光鲷科 Acropomidae** | | | | | | | | | | |
| 发光鲷 *Acropoma japonicum* | | | | | * | | | | * | |
| **天竺鲷科 Apogonidae** | | | | | | | | | | |
| 细条天竺鱼 *Apogon lineatus* | * | * | * | * | * | * | * | * | * | * |
| **鱚科 Sillaginidae** | | | | | | | | | | |
| 多鳞鱚 *Sillago sihama* | * | * | | | | * | | | | |
| 少鳞鱚 *Sillago japonica* | | | | | * | | | * | | |
| **鲹科 Carangidae** | | | | | | | | | | |
| 竹笙鱼 *Trachurus japonicus* | | * | | | * | | * | * | * | |
| 蓝圆鲹 *Decapterus maruadsi* | * | | * | * | * | * | * | * | * | * |
| 沟鲹 *Atropus atropus* | * | * | * | * | | | | | | |
| **金钱鱼科 Scatophagidae** | | | | | | | | | | |
| 金钱鱼 *Scatophagus argus* | | | | | | | | * | | |
| **石首鱼科 Sciaenidae** | | | | | | | | | | |
| 皮氏叫姑鱼 *Johnius belengerii* | * | * | * | * | * | * | | * | * | * |
| 黄姑鱼 *Nibea albiflora* | * | * | * | * | * | * | * | | | |
| 白姑鱼 *Pennahia argentata* | | * | * | * | * | * | * | * | * | * |
| 鮸 *Miichthys miiuy* | | | | | | * | * | * | * | |
| 大黄鱼 *Pseudosciaena crocea* | * | * | * | * | | | | * | * | |
| 小黄鱼 *Larimichthys polyactis* | * | * | * | * | * | * | * | * | * | * |
| 棘头梅童鱼 *Collichthys lucidus* | * | * | | * | * | * | * | * | * | * |
| 红牙鹹 *Otolithes rubber* | | | | | | * | | | | |
| 银牙鹹 *Otolithes ruber* | | | | | | | * | * | | * |
| **鲾科 Leiognathidae** | | | | | | | | | | |
| 黄斑鲾 *Leiognathus bindus* | * | | | | | * | | | | |
| 鹿斑鲾 *Secutor ruconius* | * | * | | | | | * | | | |
| **鲷科 Sparidae** | | | | | | | | | | |
| 真鲷 *Pagrosomus major* | | | | | | | | * | * | * |
| 黑鲷 *Acanthopagrus schlegelii* | | | | | | | * | | | |
| **石鲷科 Oplegnathidae** | | | | | | | | | | |
| 条石鲷 *Oplegnathus fasciatus* | * | | | | | | | | | |
| **石鲈科 Pomadasyidae** | | | | | | | | | | |

续表

| 鱼类种类 | 年份 | | | | | | | | | |
|---|---|---|---|---|---|---|---|---|---|---|
| | 1998 | 2000 | 2002 | 2003 | 2004 | 2007 | 2009 | 2010 | 2011 | 2012 |
| 横带髭鲷 Hapalogenys mucronatus | | | | * | | | | | * | * |
| **真鲈科 Percichthyidae** | | | | | | | | | | |
| 花鲈 Lateolabrax japonicus | | | | | | | * | | | |
| **鯻科 Theraponidae** | | | | | | | | | | |
| 细鳞鯻 Terapon jarbua | | | | | * | | | | | |
| **舵鱼科 Kyphosidae** | | | | | | | | | | |
| 䲟 Girella punctata | | | | | | | | | | * |
| **羊鱼科 Mullidae** | | | | | | | | | | |
| 条尾绯鲤 Upeneus bensasi | | | * | | | | | | | |
| **蝴蝶鱼科 Chaetodontidae** | | | | | | | | | | |
| 朴蝴蝶鱼 Chaetodon modestus | | | | | | * | | | | |
| **䲢科 Uranoscopidae** | | | | | | | | | | |
| 青䲢 Gnathagnus elongatus | | | | | | | | * | | |
| 日本䲢 Uranoscopus japonicus | | * | | | | | | | * | * |
| **绵鳚科 Zoarcidae** | | | | | | | | | | |
| 长绵鳚 Zoarces elongatus | | | * | | | | | | | |
| **鼠䲁科 Callionymidae** | | | | | | | | | | |
| 绯䲗 Callionymus beniteguri | | * | | | | | | | | |
| **带鱼科 Trichiuridae** | | | | | | | | | | |
| 带鱼 Trichiurus japonicus | * | * | * | * | * | * | * | * | * | * |
| 小带鱼 Eupleurogrammus muticus | * | * | * | | | | | | | |
| **鲭科 Scombridae** | | | | | | | | | | |
| 鲐 Pneumatophorus japonicus | | * | * | | | * | | * | * | * |
| **鲅科 Cybiidae** | | | | | | | | | | |
| 蓝点马鲛 Scomberomorus niphonius | * | * | * | * | | | * | * | * | * |
| **鲳科 Stromateidae** | | | | | | | | | | |
| 银鲳 Pampus argenteus | * | * | * | * | * | | * | * | * | * |
| 灰鲳 Pampus cinereus | | | * | | | | | | | |
| 燕尾鲳 Pampus nozawae | * | * | * | * | * | | | | | |
| **长鲳科 Centrolophidae** | | | | | | | | | | |
| 刺鲳 Psenopsis anomala | * | * | * | * | * | * | * | * | * | * |
| **银鳞鲳科 Monodactylidae** | | | | | | | | | | |
| 金鲳 Monodacty lussebae | * | | | | | | | * | | * |

续表

| 鱼类种类 | 年份 | | | | | | | | | |
|---|---|---|---|---|---|---|---|---|---|---|
| | 1998 | 2000 | 2002 | 2003 | 2004 | 2007 | 2009 | 2010 | 2011 | 2012 |
| **鳂虎鱼科 Gobiidae** | | | | | | | | | | |
| 长丝鰕虎鱼 Cryptocentrus filifer | * | | | | | | | | | |
| 矛尾鰕虎鱼 Chaeturichthys stigmatias | * | * | * | * | | * | | | | |
| 六丝矛尾鰕虎鱼 Chaeturichthys hexanema | | | * | * | | | * | * | * | * |
| 斑尾复鰕虎鱼 Synechogobius ommaturus | * | * | | | | | | | | |
| 红狼牙鰕虎鱼 Odontamblyopus rubicundus | * | * | * | | | | | | | |
| **军曹鱼科 Rachycentridae** | | | | | | | | | | |
| 军曹鱼 Rachycentron canadus | | | | * | | | | | | |
| **鲉形目 Scorpaeniformes** | | | | | | | | | | |
| **毒鲉科 Synanceiidae** | | | | | | | | | | |
| 单指虎鲉 Minous monodactylus | | * | | | * | | * | * | * | * |
| 日本鬼鲉 Inimicus japonicus | * | | | | | | | | | |
| **鲂鮄科 Triglidae** | | | | | | | | | | |
| 绿鳍鱼 Chelidonichthys kumu | | | | | | | | * | * | * |
| 斑鳍红娘鱼 Lepidotrigla punctipectoralis | * | * | | * | | | | | | |
| 短鳍红娘鱼 Lepidotrigla microptera | * | * | | | | | | | | |
| 岸上红娘鱼 Lepidotrigla kishinouyi | | | * | | | | | * | | |
| 日本红娘鱼 Lepidotrigla japonice | | | | * | | | | | | |
| 深海红娘鱼 Lepidotrigla abyssalis | | | | | | | * | | | |
| **豹鲂鮄科 Dactylopteridae** | | | | | | | | | | |
| 单棘豹鲂鮄 Daicocus peterseni | | | | | | * | | | | |
| **前鳍鲉科 Congiopodidae** | | | | | | | | | | |
| 虻鲉 Erisphex pottii | * | | | | | | * | | * | |
| 粗蜂鲉 Vespicula trachinoides | | | * | | | | | * | | |
| **鲬科 Platycephalidae** | | | | | | | | | | |
| 鲬 Platycephalus indicus | | | | | * | | | * | * | * |
| **狮子鱼科 Liparidae** | | | | | | | | | | |
| 细纹狮子鱼 Liparis tanakae | | | * | | | | | | | |
| 河北狮子鱼 Liparis petschiliensis | | | | | | | | | | * |
| **鲽形目 Pleuronectiformes** | | | | | | | | | | |
| **牙鲆科 Paralichthyidae** | | | | | | | | | | |
| 桂皮斑鲆 Pseudorhombus cinnamomeus | * | | | | | | | | | |
| 褐牙鲆 Paralichthys olivaceus | * | | | | | | | | | |

续表

| 鱼类种类 | 年份 | | | | | | | | | |
|---|---|---|---|---|---|---|---|---|---|---|
| | 1998 | 2000 | 2002 | 2003 | 2004 | 2007 | 2009 | 2010 | 2011 | 2012 |
| 五眼斑鲆 *Pseudorhombus pentophthalmus* | | | * | | | | | | | |
| **鲽科 Pleuronectidae** | | | | | | | | | | |
| 高眼鲽 *Cleisthenes herzensteini* | | * | | | | | | | | |
| 木叶鲽 *Pleuronichthys cornutus* | | | | | | * | | | * | * |
| **鳎科 Soleidae** | | | | | | | | | | |
| 带纹条鳎 *Zebrias zebra* | | | | * | | | | | | |
| **舌鳎科 Cynoglossidae** | | | | | | | | | | |
| 半滑舌鳎 *Cynoglossus semilaevis* | | | | | | | | * | * | * |
| 短吻三线舌鳎 *Cynoglossus abbreviatus* | * | * | | | | | | | * | |
| 短吻红舌鳎 *Cynoglossus joyneri* | * | | | * | * | | | | | |
| 窄体舌鳎 *Cynoglossus gracilis* | * | | | | | | | | | |
| **鲀形目 Tetraodontiformes** | | | | | | | | | | |
| **革鲀科 Aluteridae** | | | | | | | | | | |
| 绿鳍马面鲀 *Navodon septentrionalis* | * | | | * | * | * | | | | |
| **鲀科 Tetraodontidae** | | | | | | | | | | |
| 棕斑腹刺鲀 *Gastrophysus spadiceus* | * | * | * | * | | | | | | |
| 六斑刺鲀 *Diodon holacanthus* | | | | | | | | | * | |
| 虫纹东方鲀 *Takifugu vermicularis* | | | | | | | * | | | |
| 豹纹东方鲀 *Takifugu pardalis* | | | | | | * | | | | |
| 铅点东方鲀 *Takifugu alboplumbeus* | * | | | | | | | | | |
| 星点东方鲀 *Takifugu niphobles* | | | | | | | | | | |
| 弓斑东方鲀 *Takifugu ocellatus* | | | | | | | | * | | |
| 暗纹东方鲀 *Takifugu obscurus* | * | | | | * | | | | | |
| 菊黄东方鲀 *Takifugu flavidus* | | | | | | | | | | * |
| 红鳍东方鲀 *Takifugu rubripes* | | | * | | | | | | | |
| 黄鳍东方鲀 *Takifugu xanthopterus* | * | * | | | | | | * | | * |
| 假睛东方鲀 *Takifugu pseudommus* | | | | | | | * | | | |
| 网纹东方鲀 *Takifugu reticularis* | | * | | | | | | | | |
| **鮟鱇目 Lophiformes** | | | | | | | | | | |
| **鮟鱇科 Lophiidae** | | | | | | | | | | |
| 黄鮟鱇 *Lophius litulon* | * | | | | | | | | | |
| **躄鱼科 Antennariidae** | | | | | | | | | | |
| 毛躄鱼 *Antennarius hispidus* | | | | | | | | | | * |

## 11.2.2 优势种组成

从表 11.6 中可以看出，秋季长江口鱼类资源主要优势种类包括龙头鱼、带鱼、黄鲫和小黄鱼等。龙头鱼仅在 2003 年为非优势种类，其他年份对鱼类资源贡献均较高，其中 1998 年、2000 年、2009 年和 2012 年为优势度最高种类，2002 年、2004 年、2010 年和 2011 年优势度位列第二位；带鱼在 2002 年、2004 年、2007 年和 2010 优势度最高，黄鲫和小黄鱼优势度处于波动状态。

**表 11.6　秋季长江口鱼类优势种**

| 种类 | IRI 指数 | | | | | | | | | |
|---|---|---|---|---|---|---|---|---|---|---|
| | 1998 年 | 2000 年 | 2002 年 | 2003 年 | 2004 年 | 2007 年 | 2009 年 | 2010 年 | 2011 年 | 2012 年 |
| 龙头鱼 | 7 368.7 | 7 120.8 | 5 186.4 | — | 5 860.3 | 2 548.1 | 8447.4 | 6 620.9 | 2 686.4 | 10 409.0 |
| 带鱼 | — | — | 6 696.4 | 3 979.6 | 6 775.0 | 8 415.9 | 4 703.8 | 7 491.6 | 9 865.1 | 4 433.7 |
| 黄鲫 | 3 527.82 | 1 632.0 | 2 173.0 | 1 309.6 | 2 181.7 | — | 1 748.1 | | 2 299.3 | 1 954.5 |
| 小黄鱼 | 2 160.7 | 2 969.1 | — | 4 746.51 | — | 3 092.2 | — | | 1 415.7 | 391.4 |
| 银鲳 | 1 112.18 | 1 526.5 | — | — | — | — | — | — | 1 185.1 | 107.9 |
| 赤鼻棱鳀 | 1 457.7 | — | — | — | — | — | — | — | — | — |
| 七星底灯鱼 | 1 464.2 | — | — | 3 033.3 | — | — | — | — | — | — |
| 细条天竺鱼 | 1 727.0 | — | — | — | — | — | — | — | — | — |

"—"表示此种类在该年度未达到优势程度。

## 11.2.3 生物量

1998—2012 年间，秋季长江口鱼类群落生物量从总体上来说是一个下降趋势（图 11.2）。在 1998 年生物量最高，达 3 748.47 kg/km²，2003 年降至最低水平，为 309.44 kg/km²，仅为 1998 年的 8.3%，2004 年后有所回升，2009 年升至 1422.34 kg/km²，2010 年后生物量有所下降。

## 11.2.4 群落多样性

1998—2012 年，种类丰富度 $D$ 以 1998 年为最高，其次是 2000 年和 2011 年，2004 年最低；多样性指数 $H'_w$ 以 1998 年和 2011 年最高，2012 年最低；多样性指数 $H'_n$ 则以 2000 年最高，2003 年之后多样性回升，2012 年迅速回落降至最低值（表 11.7）。

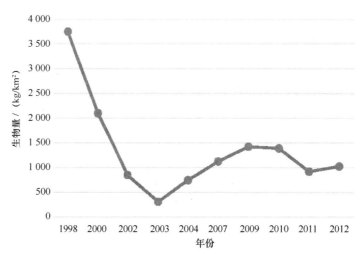

图 11.2　秋季长江口鱼类资源生物量

**表 11.7　秋季长江口鱼类群落结构多样性**

| 年份 | $D$ | $NED$ | $BED$ | $H'_n$ | $H'_w$ |
|---|---|---|---|---|---|
| 1998 | 1.86 | 361.05 | 3 748.47 | 1.77 | 2.07 |
| 2000 | 1.72 | 639.83 | 2 099.39 | 1.95 | 1.86 |
| 2002 | 1.32 | 69.78 | 850.87 | 1.08 | 1.24 |
| 2003 | 1.29 | 29.75 | 309.44 | 0.87 | 1.24 |
| 2004 | 0.98 | 62.53 | 747.68 | 1.17 | 1.60 |
| 2007 | 1.37 | 72.69 | 1 124.16 | 1.35 | 1.60 |
| 2009 | 1.28 | 56.39 | 1 422.34 | 1.19 | 1.34 |
| 2010 | 1.52 | 171.49 | 1 389.52 | 0.88 | 1.60 |
| 2011 | 1.72 | 68.51 | 920.13 | 1.77 | 2.05 |
| 2012 | 1.66 | 35.26 | 1 025.51 | 0.83 | 0.89 |

# 11.3　三峡水库蓄水前后长江口鱼类群落结构变化

## 11.3.1　种类组成的变化

　　1999 年和 2001 年春季共捕获鱼类生物 9 目 34 科 51 种，2004 年和 2007 年春季共捕获鱼类生物 9 目 25 科 36 种，2009 年和 2010 年春季共捕获鱼类 12 目 30 科 42 种，2011 年和 2012 年春季共捕获鱼类 8 目 25 科 36 种。1986 年春季在长江口捕获到鱼类生物 12 目 34 科 54 种，可以看出，1999—2001 年和 20 世纪 80 年代在长江口捕获的鱼类种类数量相近，2004 年后长江口鱼类种类数量减少。

8 个年度春季调查中，蓄水前的种类要多于 2003—2007 年，2008—2012 年鱼类生物种类迅速回升，并超出蓄水前（表 11.8）。

表 11.8　三峡水库蓄水前后春季鱼类生物种类数量

| 阶段 | 种类数量 |
|---|---|
| 1998—2002 年 | 50 |
| 2003—2007 年 | 34 |
| 2008—2012 年 | 57 |

秋季鱼类种类组成变化与春季大体一致，种类数量呈先下降后回升趋势。不同的是，与蓄水前相比，2003—2007 年秋季鱼类生物种类数量下降幅度较大，种类数量减少 28 个，2008—2012 年秋季种类数量有所回升，但未回到蓄水前水平（表 11.9）。

表 11.9　三峡水库蓄水前后秋季鱼类生物种类数量

| 阶段 | 种类数量 |
|---|---|
| 1998—2002 年 | 85 |
| 2003—2007 年 | 57 |
| 2008—2012 年 | 67 |

## 11.3.2　优势种变化

与 20 世纪 80 年代历史调查资料相比，长吻鮠、白姑鱼、中国魟、孔鳐和鮸等重要经济种类已经从 20 世纪 80 年代长江口鱼类群落的重要种成为现在的稀有种，而黄鲫、龙头鱼等低值鱼类则从历史上的重要种成为现在的优势种。

蓄水前，春季鱼类生物群落优势种主要包括小黄鱼、黄鲫和银鲳等，2003—2007 年期间，群落优势种发生显著演替，带鱼和鳀对鱼类资源贡献升高，而小黄鱼、黄鲫和银鲳优势度下降，试运行期 2008 年后，小黄鱼、黄鲫和银鲳优势度回升，而带鱼和鳀演替为非优势种。可以看出，水库蓄水建设期，长江口鱼类群落优势种组成与前后两个阶段存在显著不同，而 1998—2002 年和 2008—2012 年占鱼类群落重要地位的种类基本一致（表 11.10）。

表 11.10　三峡水库蓄水前后春季鱼类优势种变化

| 阶段 | 优势种 |
|---|---|
| 1998—2002 年 | 小黄鱼、黄鲫、银鲳、龙头鱼和凤鲚 |
| 2003—2007 年 | 带鱼、鳀、小黄鱼、竹筴鱼、黄鲫和银鲳 |
| 2008—2012 年 | 小黄鱼、黄鲫、银鲳、小眼绿鳍鱼、龙头鱼、凤鲚和粗蜂鲉 |

从表 11.11 可以看出，长江口秋季鱼类优势种组成比较稳定，占优势地位的种类主要包括龙头鱼、带鱼、黄鲫和小黄鱼，除以上 4 种外，其他优势种组成在 3 个阶段存在差异，1998—2002 年主要包括银鲳、赤鼻棱鳀、七星底灯鱼和细条天竺鱼，而 2003—2007 年为七星底灯鱼，2008—2012 年为银鲳。

**表 11.11　三峡水库蓄水前后秋季鱼类优势种变化**

| 阶段 | 优势种 |
|---|---|
| 1998—2002 年 | 龙头鱼、带鱼、黄鲫、小黄鱼、银鲳、赤鼻棱鳀、七星底灯鱼和细条天竺鱼 |
| 2003—2007 年 | 龙头鱼、带鱼、黄鲫、小黄鱼和七星底灯鱼 |
| 2008—2012 年 | 龙头鱼、带鱼、黄鲫、小黄鱼和银鲳 |

### 11.3.3　生物量变化

春季和秋季鱼类生物量变化总趋势一致，2003—2007 年鱼类生物量减少，春季减少 84.2%，秋季减少 71.9%，2008—2012 年鱼类生物量有所回升，但均未升至 1998—2002 年水平，春季为蓄水前的 65.4%，秋季为 53.3%（表 11.12 和表 11.13）。

**表 11.12　三峡水库蓄水前后春季鱼类生物量变化　　　　单位：kg/km²**

| 阶段 | BED |
|---|---|
| 1998—2002 年 | 362.41 |
| 2003—2007 年 | 57.01 |
| 2008—2012 年 | 236.87 |

**表 11.13　三峡水库蓄水前后秋季鱼类生物量变化　　　　单位：kg/km²**

| 阶段 | BED |
|---|---|
| 1998—2002 年 | 2 232.91 |
| 2003—2007 年 | 727.09 |
| 2008—2012 年 | 1 189.38 |

### 11.3.4　群落多样性变化

从表 11.14 和表 11.15 可以看出，2003—2007 年为鱼类生物群落多样性最低阶段，1998—2002 年多样性最高。春季和秋季多样性变化趋势存在一定的差异：春季，变异幅度较大，2003—2007 年鱼类生物多样性剧减，而 2008—2012 年多样性回升显著，但未达到 1998—2002 年水平；秋季，2003—2007 年多样性减少幅度不大，但 2008—2012 年未发生多样性回升现象。

**表 11.14  三峡工程蓄水前后长江口春季鱼类群落多样性变化**

| 阶段 | 丰富度（$D$） | Shannon-Wiener 指数（$H'_n$） | Shannon-Wiener 指数（$H'_w$） |
|---|---|---|---|
| 1998—2002 年 | 1.94 | 1.96 | 2.00 |
| 2003—2007 年 | 1.32 | 0.89 | 0.92 |
| 2008—2012 年 | 1.63 | 1.62 | 1.80 |

**表 11.15  三峡工程蓄水前后长江口秋季鱼类群落多样性变化**

| 阶段 | 丰富度（$D$） | Shannon-Wiener 指数（$H'_n$） | Shannon-Wiener 指数（$H'_w$） |
|---|---|---|---|
| 1998—2002 年 | 1.63 | 1.60 | 1.72 |
| 2003—2007 年 | 1.21 | 1.13 | 1.48 |
| 2008—2012 年 | 1.54 | 1.17 | 1.47 |

## 11.3.5  群落结构变化

不同年份调查中鱼类生物群落间相异性指数见表 11.16 和表 11.17。

与蓄水前相比，蓄水后春季长江口鱼类生物群落格局出现了一定程度的变异。总体来看，2004 年与 2001 年、2004 年与 2012 年的群落组成相差最大，2001 年与 1999 年群落组成相差最小，详见表 11.16。

**表 11.16  春季不同年份间鱼类群落组成的相异性指数（%）**

| 年份 | 2001 | 2004 | 2007 | 2009 | 2010 | 2011 | 2012 |
|---|---|---|---|---|---|---|---|
| 1999 | 61.83 | 82.15 | 71.05 | 68.07 | 62.41 | 69.26 | 71.94 |
| 2001 | | 83.72 | 73.26 | 70.91 | 64.81 | 70.12 | 73.69 |
| 2004 | | | 76.79 | 78.57 | 80.36 | 79.80 | 83.83 |
| 2007 | | | | 67.94 | 66.34 | 73.63 | 72.63 |
| 2009 | | | | | 64.08 | 70.28 | 72.84 |
| 2010 | | | | | | 63.82 | 64.55 |
| 2011 | | | | | | | 75.42 |

ANOSIM 分析表明，1998—2012 年 8 个春季航次长江口鱼类生物群落结构总体差异显著（$R=0.264$，$P<0.05$）。其中 1999 年和 2001 年的相似性程度最高，其次为 1999 年与 2010 年间，年际间差异不显著。其他年际间均存在显著变异，这说明 1998—2012 年间春季长江口群落结构变化较大。

秋季长江口鱼类生物群落年际间相异性大多低于春季，说明秋季群落演替程度相对较小。2004 年和 2011 年相异性最小，而 1998 年和 2007 年相异性最高，详见表 11.17。ANOSIM 分析表明，1998—2012 年 10 个秋季航次长江口鱼类生物群落结构总体差异显著（$R=0.423$，$P<0.05$），这说明 1998—2012 年间秋季长江口群落结构年际间存在演替现象。

表 11.17　秋季不同年份间群落组成的相异性指数（%）

| 年份 | 1998 | 2000 | 2002 | 2003 | 2004 | 2007 | 2009 | 2010 | 2011 |
|---|---|---|---|---|---|---|---|---|---|
| 2000 | 52.62 | | | | | | | | |
| 2002 | 65.71 | 64.99 | | | | | | | |
| 2003 | 72.30 | 71.30 | 71.78 | | | | | | |
| 2004 | 61.87 | 60.93 | 60.54 | 61.85 | | | | | |
| 2007 | 72.88 | 69.37 | 70.44 | 70.21 | 59.79 | | | | |
| 2009 | 61.47 | 62.88 | 67.45 | 67.18 | 56.19 | 63.94 | | | |
| 2010 | 68.81 | 69.66 | 72.41 | 68.21 | 58.93 | 65.73 | 56.60 | | |
| 2011 | 56.47 | 57.46 | 61.15 | 62.60 | 50.16 | 59.35 | 49.48 | 51.90 | |
| 2012 | 57.60 | 58.19 | 60.91 | 65.03 | 54.97 | 65.13 | 54.79 | 63.84 | 51.52 |

# 11.4　环境变化对长江口鱼类生物群落结构的影响

### 11.4.1　蓄水前影响长江口鱼类生物群落的环境因子

典范对应分析（CCA）显示影响三峡工程蓄水前鱼类生物群落的环境因子包括底层温度、水深、底层 pH 值、表层 pH 值、表层总磷和底层溶解氧。CCA 前 4 轴共解释物种数据总差异的 26.5%，以及物种-环境关系总差异的 87.9%。

在 CCA 双序图上，靠近原点的物种或是专性适应中等条件的环境，或是分布较为广泛，导致显示不出对环境的特殊适应性。如图 11.3 所示，特别靠近原点的物种并不存在，多数物种散布在远离原点的位置，即长江口近海鱼类群落中的物种在生境中的分化较为明显，体现出了各自不同的环境要求。较靠近原点的物种包括带鱼、短吻三线舌鳎、鳓、龙头鱼、黄鲫、银鲳和小黄鱼。

### 11.4.2　2003—2007 年影响长江口鱼类生物群落的环境因子

2003—2007 年鱼类群落与环境因子 CCA 排序结果显示，有 5 个环境变量通过了 Monte-Carlo 检验，分别是水深、底层总磷、表层悬浮颗粒物、底层盐度和表层温度。选取此 5 个重要环境变量进行 CCA 分析，总典范特征值为 1.741。CCA 前 4 轴的特征值分别是 0.678、0.508、0.307 和 0.199，共解释了物种变异的 38.6%，前两轴共解释物种-环境关系变异的 68.1%。

群落分布区域和物种组成的变化是对环境条件变动的响应。水深、底层总磷、表层悬浮颗粒物、底层盐度和表层温度对 2003—2007 年长江口鱼类群聚分布具重要的生态学意义（表 11.18），其中水深、盐度和悬浮颗粒物含量影响着不同生态群组的空间分

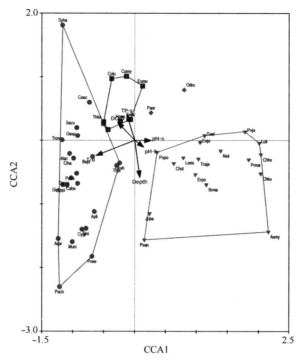

图 11.3  1998—2001 年鱼类生物群落 CCA 排序

布，而温度则驱动群聚大格局下的生物分布进一步分化。

表 11.18  环境因子对 2003—2007 年鱼类群聚变异的影响

| 环境变量 | 边界效应 | 条件效应 | P | F |
|---|---|---|---|---|
| 水深（D） | 0.53 | 0.53 | 0.001 | 3.28 |
| 底层总磷（TP-b） | 0.48 | 0.43 | 0.011 | 2.89 |
| 表层悬浮颗粒物（TSM-s） | 0.39 | 0.34 | 0.007 | 2.42 |
| 底层盐度（S-b） | 0.38 | 0.25 | 0.026 | 1.92 |
| 表层温度（T-s） | 0.26 | 0.19 | 0.012 | 1.41 |

物种在 CCA 双序图上的位置，表明物种对栖息地环境梯度的选择。由 CCA 排序图（图 11.4）可知，表层悬浮颗粒物含量、水深和底层盐度影响了长江口鱼类生物群聚分化：长江口南部两个鱼类群聚组（Ⅰ 和 Ⅱ）的主要种类大多分布于排序图第三象限，所处环境离岸较远、盐度较高，而悬浮颗粒物含量较低；北部两个群聚组所处环境差异较大，低温组（Ⅳ）对水体悬浮物含量选择性较强，而高温组对第一轴所代表的环境向量（悬浮物、水深、盐度）要求不高，但受温度影响较大。可以看出，水深、盐度和悬浮物含量驱动了长江口鱼类群聚空间结构变异。

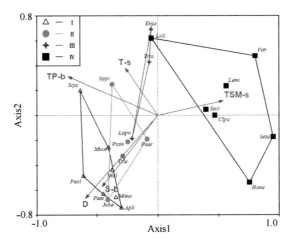

图 11.4　2003—2007 年长江口鱼类生物与环境 CCA 排序

### 11.4.3　2008—2012 年影响长江口鱼类生物群落的环境因子

2010 年长江口鱼类群落调查站位 DCA 排序结果显示，鱼类资源聚为 3 个分类空间（图 11.5），将鱼类群落划分为北部近岸区（Ⅰ）、北部远岸区（Ⅱ）和南部水域（Ⅲ）群聚组。组Ⅰ分布于长江口北部近岸水域，组Ⅱ位于长江口北部远岸水域，组Ⅲ位于长江口南部。

2010 年长江口 19 种鱼类和 18 个环境因子的 CCA 排序结果显示，有 3 个环境变量通过了 Monte-Carlo 检验，分别是表层 pH 值（pH-s）、底层悬浮物（TSM-b）和表层悬浮物（TSM-s）。CCA 前 4 轴的特征值，分别为 0.517、0.373、0.198 和 0.094，共解释群落变异的 81.5%。选取具有显著性的 pH-s、TSM-b 和 TSM-s 3 个环境因子进行 CCA 分析，典范特征值之和为 0.852，共解释了群落变异的 58.8%。

CCA 排序图（图 11.6）中各群聚组差异显著，环境因子的梯度变异驱动了鱼类群聚单元的隔离，各群聚组所在位置显示其环境选择和环境因子对其的作用程度。群聚组Ⅰ分布水域离岸距离最近，盐度最低而悬浮物含量最高，营养最为丰富，分布种类包括凤鲚、刀鲚等典型的河口种类，单指虎鲉、黄鲫、棘头梅童鱼、粗蜂鲉和赤鼻棱鳀亦选择在此环境索饵、繁殖。群聚组Ⅱ分布水域环境特征为盐度较高、表层悬浮物含量较高、初级生产力水平中等，分布种类除黄鮟鱇外，均为长江口典型的上层鱼类，如银鲳、鳀、小眼绿鳍鱼和蓝圆鲹。群聚组Ⅲ分布水域的环境特征为盐度最高，水深、初级生产力显著高于其他群聚组，分布种类为长江口典型底层鱼类皮氏叫姑鱼、小黄鱼，以及摄食游泳生物种类龙头鱼、带鱼等。

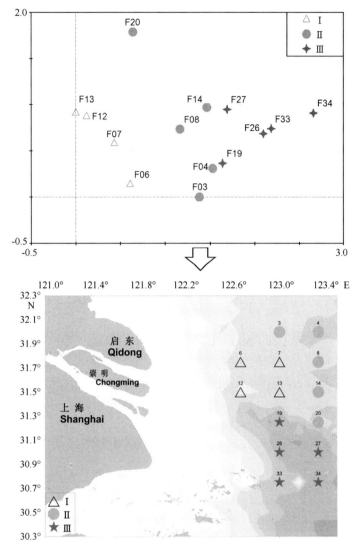

图 11.5　2010 年长江口鱼类群落站位 DCA 排序

# 11.5　与原预测的对比

## 11.5.1　近海渔场

　　原预测指出，长江径流的强弱可直接或间接影响渔场位置：长江径流大，中心渔场靠外；径流小，中心渔场偏内。带鱼渔场分布也存在该现象。

　　实际监测数据显示，长江口近海中心渔场位置与入海径流量存在较好的对应关系，在枯水的 2011 年，中心渔场离岸距离最小，而丰水的 1998 年中心渔场偏外

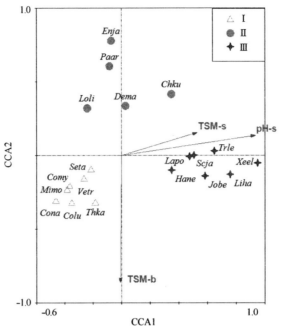

图 11.6　2010 年长江口鱼类群落种类 CCA 排序

（图 11.7），与 20 世纪 80 年代预测的关键渔场位置与径流对应关系结论完全一致。

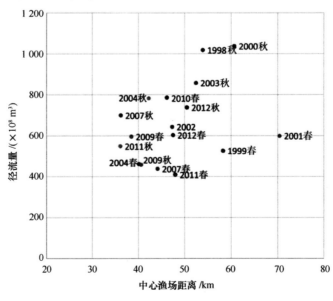

图 11.7　长江径流与近海渔场位置的关系

20 世纪 80 年代针对带鱼渔场分布与径流的相关性也作出了预测，指出带鱼资源量分布与径流密切相关。

近 10 年来监测结果显示,1998 年以来春季带鱼生物量平均为 7.49 kg/km²,仅为 20 世纪 80 年代的 10%(70.14 kg/km²),春季带鱼资源量锐减,已不能形成渔汛。图 11.8 显示出长江口春季带鱼的年际生物量变化,带鱼在入海径流偏少的 2004 年和 2011 年生物量较高,统计分析显示春季带鱼生物量与径流相关性较弱(P=0.867)。

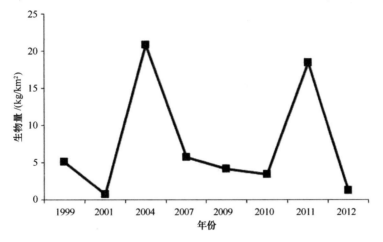

图 11.8 长江口春季带鱼生物量变动

1998 年以来长江口秋季带鱼生物量平均为 256.35 kg/km²,为 20 世纪 80 年代同期 (589.72 kg/km²)的 50%。1998—2003 年秋季带鱼资源量偏低,未超过 300 kg/km², 2004 年后,秋季带鱼资源量增加,2007 年最高,达 444.41 kg/km²,2011 年后生物量 下降(图 11.9)。统计分析显示,秋季带鱼资源量与入海径流和输沙量密切相关(P= 0.03,P=0.022)。

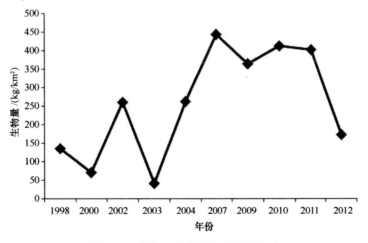

图 11.9 长江口秋季带鱼生物量变动

图 11.10 显示了 1998 年以来秋季带鱼生物量的空间分布,可以看出带鱼分布存在

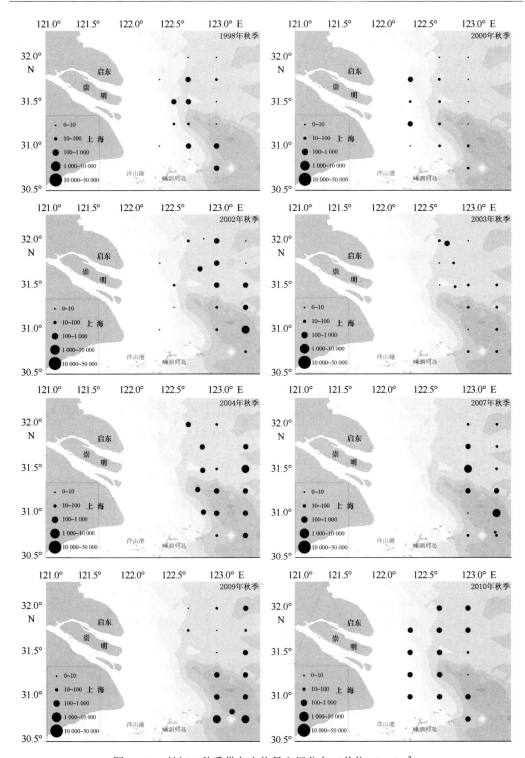

图 11.10　长江口秋季带鱼生物量空间分布（单位：kg/km²）

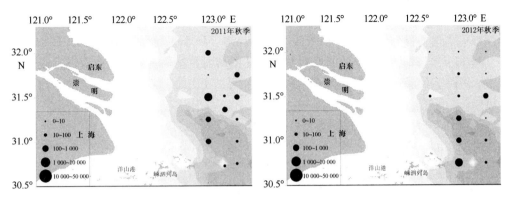

续图 11.10  长江口秋季带鱼生物量空间分布（单位：kg/km²）

一定的年际变异。在入海径流较高的 1998 年和 2010 年为全区分布，近岸和外海均匀分布。在径流较少的年份带鱼分布范围较小，且分布不均匀。这说明对游泳能力较强的带鱼，径流主要是通过食物关系影响其资源量分布，径流带来的大量营养物质是秋季带鱼的重要影响因素。

可以看出，实际观测到的带鱼资源量与径流的关系与原预测不完全一致。

### 11.5.2  近海资源量与径流间的关系

20 世纪 80 年代预测指出，长江口近海资源量与径流关系密切，特别是河口及近海重要经济种类资源对径流变化会作出响应。

统计分析显示，春季长江口鱼类生物量与径流和泥沙的相关关系均不显著（$P>0.05$），秋季鱼类生物量与入海泥沙相关性大于径流，但均未达到显著性水平（$P>0.05$）。

实测数据分析显示，春季，仅龙头鱼生物量与入海径流和输沙量相关性较强（$P<0.05$）；秋季，带鱼、赤鼻棱鳀、七星底灯鱼和凤鲚生物量与入海径流和泥沙显著相关（$P<0.05$），细条天竺鱼和刀鲚生物量与入海泥沙显著相关（$P<0.05$），而与径流的相关关系未通过统计检验。

20 世纪 80 年代预测关注的棘头梅童、小黄鱼、银鲳、白姑鱼等的生物量与入海径流和泥沙相关性较弱，说明这些种类资源变动受陆源输入影响较小，与原预测结果不完全一致；报告书中凤鲚与径流的相关性得到验证，与对刀鲚与径流关系的预测结果不一致；与 20 世纪 80 年代对资源量与径流关系预测部分吻合，秋季有一定的相关性但不显著，春季鱼类生物量与径流不相关；报告书未预估到的是某些鱼类生物量受入海泥沙输入量的影响，影响机制还需深入探讨。

## 11.6  小结

1998—2012 年长江口鱼类资源春季共捕获 81 种，秋季捕获 122 种。春季优势种包括小黄鱼、龙头鱼、黄鲫、凤鲚、银鲳等，秋季主要是龙头鱼、带鱼、黄鲫和银鲳等。长江口春季鱼类资源生物量显示降低后回升趋势，秋季生物量在下降后维持在较低水平。与 20 世纪 80 年代相比，长江口渔业资源群落发生显著变异，主要表现为种类数量减少、群落结构演替、资源量显著下降。长时间尺度生物群落变异与人类活动的影响密不可分。

20 世纪 70 年代以来，中国近海渔业资源一直处于过度开发阶段：渔船数量快速增长，"十一五"期间，全国渔船、海洋渔业船舶、近海捕捞渔船平均功率分别比"十五"期间增长了 19.37%、10.43% 和 35.39%；渔船功率的增加并没有带来捕捞产量的快速增长，20 世纪 90 年代末以来，近海渔业捕捞产量在 1 200×10⁴ t 上下波动，近年来徘徊在 1 000×10⁴ t 左右。这说明，20 世纪 90 年代末以来，我国近海渔业资源已被充分利用。过度捕捞带来渔业结构变化，原来优质高丰度种类或资源量下降或消失不见，如东海重要渔业种类曼氏无针乌贼、大黄鱼等。20 世纪 80 年代以来，鱼类资源种类减少、资源量锐减与长江口邻近海域渔业资源过度开发利用密切相关。

河口是一个复杂而又特殊的自然综合体，它对流域的自然变化和人类作用响应最敏感，是人类活动最为频繁，环境变化影响最为深远的地区。长江是我国最大的河流，长江流域是我国社会经济发展的重要支柱。近年来，长江干流及其流域生态环境正经历着前所未有的变迁。随着长江流域经济发展和人口增加，人类对流域资源与环境的利用愈来愈多，最终给长江口及邻近海域的生态环境造成巨大压力。主要表现在长江口及其近岸海域水质劣于国家四类海水质量标准的已超过 60%，是中国近海污染最为严重的区域之一。自 20 世纪 80 年代以来长江口环境发生了显著变化：硝酸盐、亚硝酸盐浓度增加了一倍，污染、富营养化程度加剧，赤潮频发。鱼类成体对水域环境污染指标耐受能力稍强，但适应能力较弱的鱼类早期补充资源受其影响较大，继而影响渔业资源的良性循环。水体环境恶化是影响长江口鱼类资源长期变化的重要因素之一。

受全球变暖的影响，长江口水温显著上升。由以上分析可以看出，1985 年以来，长江口水域环境温度发生改变，并对长江口鱼类群落变异影响显著。特别是秋季，与 1985 年相比，2000 年长江口表层水体温度升高，2001 年水温进一步增加，带来 2000 年后秋季长江口鱼类群落显著变异。全球变化带来的极端气候条件的影响，如 2006 年的特枯水情及 2011 年 50 年一遇的旱情，带来长江入海径流量减少，长江口水域盐度升高。1985 年以来，春季和秋季长江口水域盐度变化显著，2011 年显著高于 1985 年和 2000 年，盐度变化是春季长江口渔业群落变异的首要影响要素。

根据长江流域水力资源普查结果，长江流域水力资源主要分布在宜昌以上的长江上游地区，技术可开发电站计 3 154 座，装机容量 22 246.01×10⁴ kW，年发电量 10 677.3×10⁸ kWh，装机容量和年发电量占全流域技术可开发总量的 86.8% 和 89.9%；且大型水电站，特别是装机容量 100×10⁴ kW 以上的水电站主要集中在长江上游地区，全流域 52 座 100×10⁴ kW 及以上的水电站，有 48 座分布在长江上游。预计到 2020 年还将有以向家坝、溪洛渡为代表的 20 余座控制性水库建成投运。这些水库建成后，将形成超过 700×10⁸ m³ 的调节库容。

　　1997 年兴建的长江三峡水利枢纽工程是中国也是世界上最大的水利枢纽工程，目前三峡工程已全线建成，形成的三峡水库长达 600 km，最宽处达 2 000 m，总库容达 $393 \times 10^8$ m³。三峡水库属水面平静的峡谷型水库，上游浑浊的长江水经过水库的沉降过滤，进入下游和河口的水体悬浮物含量大量减少。

　　从 1985 年以来长江口水体悬浮物含量变化可以看出，2001 年春季悬浮物含量最高，2004 年后显著降低，主要表现在底层悬浮物含量；秋季水体悬浮物含量年际间存在显著差异，尤其是表层悬浮物含量由 1985 年到 2000 年再到 2011 年呈阶梯式锐减。而长江口水域悬浮物变化直接导致长江口鱼类群落变异，成为鱼类群落长期变化的首要影响因素，在秋季仅次于水温驱动了鱼类群落时间和空间的变异。

　　可以看出，人类活动对长江口鱼类群落影响显著，不同人类活动对其影响程度还需在以后的研究中深入探讨。

# 12 结论

长江入海流量保持过去几十年的波动特征，目前没有出现显著的趋势性年际变化；三峡工程兴建后入海水量年内分配有所变化。

长江入海年输沙量呈现明显的下降趋势，两个主要的下降趋势出现在 1986 年后和 2003 年后，随着时间增长入海泥沙以时间的三次方逐渐减少。长江口入海泥沙年内分配发生改变，入海泥沙下降主要发生在洪季。除三峡工程外，上游水利水电工程实施、上游水土保持和河道采砂等因素对入海泥沙减少均有贡献。特别是近 10 年来上游来沙迅速减少，造成背景值的不同。

长江口及其邻近海域溶解氧含量具有明显的时空变化特征，长江口及其附近海域的化学需氧量含量具有明显的年际变化特征。春季硝酸盐含量年际间波动性较小，并无显著变化趋势，秋季硝酸盐含量在 2003 年后略有上升。表层海水磷酸盐含量呈波动状态。硅酸盐含量整体呈现下降趋势。三峡建设不同时期，水化学要素变异规律不同。

长江口春季悬浮物含量在三峡建设不同阶段变异不显著，秋季在 2008 年后显著降低。长江口外海悬浮物含量与入海泥沙显著相关。三峡水库建成后长江径流含沙量降低，年径流量变化不大的情况下输沙量减少，带来河口秋季水体悬浮物含量下降。目前沉积物粒度组成变化不显著，未见沉积物明显粗化现象。

长江口叶绿素 a 年际间呈波动状态，三峡建设不同阶段差异显著。春季，调查海域表层叶绿素 a 含量与径流在大部分区域呈正相关关系，且相关性较强的海域主要集中在南部及东部等径流影响较大的区域，叶绿素 a 与长江输沙之间的相关关系比较复杂。秋季，叶绿素 a 与径流、输沙之间的相关不显著。长江入海径流和泥沙对初级生产的限制作用主要发生在春季，而秋季初级生产与径流和泥沙的关系较弱。

三峡水库蓄水后春季长江口鱼类浮游生物种类组成、优势种组成、丰度、群落多样性等都呈下降趋势；秋季调查结果表明蓄水后长江口鱼类浮游生物种类组成和优势种组成呈下降趋势，丰度、群落多样性等呈上升趋势。水体盐度和悬浮物等影响春季长江口鱼类浮游生物群落的空间分布格局，叶绿素 a 和长江丰水季入海含沙量等是影响秋季鱼类浮游生物群落分布的驱动因素。

1998—2012 年春季长江及其邻近海域共捕获无脊椎动物 41 种，隶属 6 纲 10 目 23 科，秋季长江口及其邻近海域共捕获无脊椎动物 52 种，隶属 5 纲 10 目 25 科。长江口无脊椎动物群落丰度高度集中在优势种上。1998—2012 年长江口无脊椎动物群落多样性演替可划分为 3 个阶段：1998—2002 年多样性程度最高，2003—2007 年下降至最低水平，2009—2012 年多样性显著回升。春季主要环境影响因子在 1999—2001 年为底层溶解氧，在 2004—2007 年为底层化学需氧量、表层 pH 值、表层总氮、底层总氮，在 2009—2012 年为表层总氮、底层温度、底层盐度、表层 pH 值。秋季主要环境影响因子为底层悬浮物、底层溶解氧、表层化学需氧量、表层总氮和底层总磷（1998—2002 年），底层 pH 值（2003—2007 年），表层悬浮物（2009—2012 年）。

1998—2012 年春季长江口鱼类资源共捕获 81 种，秋季捕获 122 种。春季优势种包括小黄鱼、龙头鱼、黄鲫、银鲳等，秋季主要是龙头鱼、带鱼、黄鲫和小黄鱼等。长江口春季鱼类资源生物量显示降低后回升趋势，秋季生物量在下降后维持在较低水平。与 20 世纪 80 年代相比，长江口渔业资源群落发生显著变异，主要表现为种类数量减少、群落结构演替、资源量显著下降。长时间尺度渔业资源生物群落变异与人类活动的影响密不可分。

# 参考文献

陈吉余，恽才兴，徐海根，等. 两千年来长江河口发育的模式. 海洋学报，1979，1（1）：103-111.

戴志军，李为华，李九发，等. 特枯水文年长江河口汛期盐水入侵观测分析. 水科学进展，2008，19（6）：835-840.

杜景龙，杨世伦. 长江口北槽深水航道工程对周边滩涂冲淤影响的研究. 地理科学，2007，27（3）：390-394.

杜景龙，杨世伦，张文祥，等. 长江口北槽深水航道工程对九段沙冲淤的影响. 海洋工程，2005，23（3）：78-83.

高抒. 废黄河口海岸侵蚀与对策. 海岸工程，1989，8（1）：37-42.

国家海洋局. 2009—2012 年中国海洋灾害公报.

刘苍字，陈吉余，戴志军. 河口地貌. 见：尤联元，杨景春. 中国自然地理系列专著中国地貌. 北京：科学出版社，2013.

陆永军，袁美琦，贾锐敏，等. 三峡工程对下游河道的影响及治理措施的初步研究. 水道港口，1997，（2）：11-29.

茅志昌，沈焕庭，肖成猷. 长江口北支盐水倒灌南支对青草沙水源地的影响. 海洋与湖沼，2001，32（1）：58-65.

钱春林. 引滦工程对滦河三角洲的影响. 地理学报，1994，49（2）：158-166.

水利水电科学研究院. 长江科学院三峡水库下游冲刷初步研究报告. 1990.

唐建华，徐建益，赵升伟，等. 基于实测资料的长江河口南支河段盐水入侵规律分析. 长江流域资源与环境，2011，20（6）：677-684.

唐建华，赵升伟，刘玮祎，等. 三峡水库对长江河口北支咸潮倒灌影响探讨. 水科学进展，2011，22（4）：554-560.

陶景良. 长江三峡工程 100 问. 北京：中国三峡出版社，2002：210.

杨桂山，朱季文. 全球海平面上升对长江口盐水入侵的影响研究. 中国科学（B 辑），1993，23（1）：69-76.

杨世伦. 长江三角洲冲淤演变过程与原因分析. 见：丁平兴（主编）. 近 50 年我国典型海岸带演变过程与原因分析. 北京：科学出版社，2013：22-61.

杨世伦. 长江大通以下流域对入海水沙通量贡献的探讨. 人民长江，2013，44（3）：13-15.

长江水利委员会，2000—2012 长江泥沙公报.

庄克琳，毕世普，刘振夏，等. 长江水下三角洲的沉积分析. 海洋地质与第四纪地质，2005，25（2）：1-9.

Burrough P A, McDonnell R A. Principles of Geographical Information Systems. Oxford：Oxford University Press，1998.

Dai Z, Liu J T. Impacts of large dams on downstream fluvial sedimentation：An example of the Three Gorges

Dam (TGD) on the Changjiang (Yangtze River). Journal of Hydrology, 2013, 480: 10-18.

Liu J P, Xu K H, Li A C, et al. Flux and fate of Yangtze River sediment delivered to the East China Sea. Geomorphology, 2007, 85 (3): 208-224.

Luo X X, Yang S L, Zhang J. The impact of the Three Gorges Dam on the downstream distribution and texture of sediments along the middle and lower Yangtze River (Changjiang) and its estuary, and subsequent sediment dispersal in the East China Sea. Geomorphology, 2012, 179: 126-140.

Milliman J D, Shen H T, Yang Z S, et al. Transport and deposition of river sediment in the Changjiang Estuary and adjacent continental shelf. Continental Shelf Research, 1985, 4 (1-2): 37-45.

Milliman J D, Qin Y S, Ren M E, et al. Man's influence on the erosion and transport of sediment by Asian rivers: The Yellow River (Huanghe) example. Journal of Geology, 1987, 95 (6): 751-762.

Milliman J D, Farnsworth K L. River discharge to the coastal ocean: A global synthesis. Cambridge University Press, Cambridge. 2011: 384.

Nilsson C, Reidy C A, Dynesius M, et al. Fragmentation and flow regulation of the world's large river systems. Science, 2005, 308 (5720): 405-408.

Sánchez-Arcilla A, Jiménez J A, Valdemoro H I. The Ebro Delta: Morphodynamics and vulnerability. Journal of Coastal Research, 1998, 14 (3): 754-772.

Webster R, Oliver M A. Geostatistics for Environmental Scientists. John Wiley & Sons, Ltd. UK. 2001, 271 pp.

Wiegel R L. Nile delta erosion. Science, 1996, 272 (5260): 338-340.

Xu K H, Li A C, Liu J P, et al. Provenance, structure, and formation of the mud wedge along inner continental shelf of the East China Sea: a synthesis of the Yangtze dispersal system. Marine Geology, 2012, (291-294): 176-191.

Yang S L, Ding P X, Chen S L. Changes in progradation rate of the tidal flats at the mouth of the Changjiang River, China. Geomorphology, 2001, 38 (1-2): 167-180.

Yang S L, Zhao Q Y, Belkin I M. Temporal variation in the sediment load of the Yangtze River and the influences of the human activities. Journal of Hydrology, 2002, 263: 56-71.

Yang S L, Belkin I M, Belkina A I, et al. Delta response to decline in sediment supply from the Yangtze River: evidence of the recent four decades and expectations for the next half-century. Estuarine, Coastal and Shelf Science, 2003, 57 (4): 689-699.

Yang S L, Zhang J, Zhu J. Response of suspended sediment concentration to tidal dynamics at a site inside the mouth of an inlet: Jiaozhou Bay (China). Hydrology and Earth System Sciences, 2004, 8 (2): 170-182.

Yang S L, Zhang J, Zhu J. Impact of dams on Yangtze River sediment supply to the sea and delta intertidal wetland response. Journal of Geophysical Research, 2005, VOL. 110, F03006, doi: 10. 1029/2004JF000271.

Yang Z, Wang H, Saito Y, et al. Dam impacts on the Changjiang (Yangtze) River sediment discharge to the sea: the past 55 years and after the Three Gorges Dam. Water Resources Research, 2006, 42. doi: 10. 1029/2005WR003970 W04407.

Yang S L, Zhang J, Dai S B, et al. Effect of deposition and erosion within the main river channel and large lakes on sediment delivery to the estuary of the Yangtze River. J. Geophys. Res., 2007, 112, F02005, doi: 10. 1029/2006JF000484.

Yang S L, Zhang J, Xu X J. Influence of the Three Gorges Dam on downstream delivery of sediment and its environmental implications, Yangtze River. Geophysical Research Letters, 2007, VOL. 34, L10401, doi：10. 1029/2007GL029472.

Huang Y F, Wang J S, Yang M. Unexpected sedimentation patterns upstream and downstream of the Three Gorges Reservoir：Future risks. International Journal of Sediment Research, doi：10. 1016/j. ijsrc. 2018. 05. 004.